月　日

1 文字と式（1）

1 1本50円のえんぴつを買います。次のときの式と答えをかきましょう。

① 1本のとき　$50 \times 1 = 50$　50円

② 2本のとき

③ 3本のとき

④ x本のとき

2 1個120円のりんごをx個買い、150円のかごにつめました。

① このときの代金を表す式をかきましょう。

式

② ①で、りんごを5個買ったときの代金を求めましょう。

式

答え

③ ①で、りんごを8個買ったときの代金を求めましょう。

式

答え

2 文字と式 (2)

1 縦(たて)が6cm、横が $x$cm、面積が $y$cm² の長方形があります。

① 6、x、y を使って関係式をかきましょう。

式

② 横 (x) が5cmのときの面積 (y) を求めましょう。

式

答え

2 1000円を持って買い物に行きました。使った金額を x 円、おつりを y 円とします。

① 1000、x、y を使って関係式をかきましょう。

式

② 使った金額 (x) が800円のときのおつり (y) を求めましょう。

式

答え

月　日

3 文字と式（3）

1 次の場面を式で表しましょう。

① 底辺が $x$cm、高さが6cmの平行四辺形の面積が$y$cm²。　式

② 2Lのジュースのうち、xL飲みました。残りはyL。　式

2 次の式で表せるのはどの場面ですか。記号で答えましょう。

㋐ $y=20+x$　㋑ $y=20-x$

㋒ $y=20\times x$　㋓ $y=20\div x$

①（　　）1個20円のあめをx個買ったときの代金がy円。

②（　　）縦（たて）が$x$cm、横が$y$cmの長方形の面積が20cm²。

③（　　）20cmの赤いリボンに、$x$cmの青いリボンをつなげたときの全体の長さが$y$cm。

④（　　）20mのロープからxm切りとった残りの長さがym。

4 文字と式（4）

1 右の平行四辺形で、BC を底辺とすると高さは4cm で、面積は16cm² です。辺 BC の長さを求めましょう。

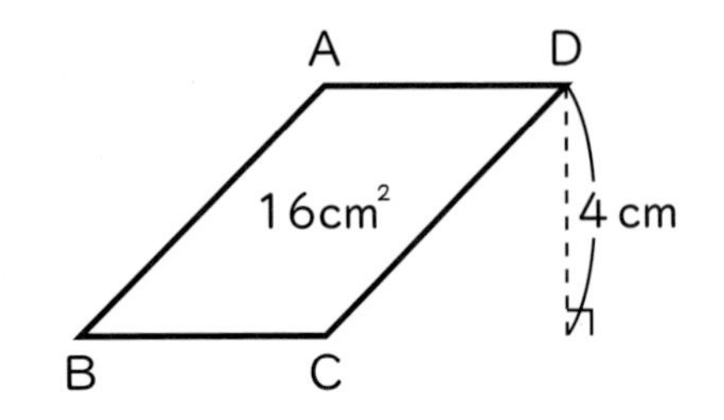

① 辺 BC の長さを $x$cm として、関係式をかきましょう。

式

② x を求めましょう。

式

答え

2 一定の速さで走る車が、2時間で 80km を走りました。この車の時速を求めましょう。
時速 $x$km として、関係式をつくり、x を求めましょう。

式

答え

5 分数のかけ算（1）

１dL のペンキで、$\frac{3}{4}$ m² のかべをぬります。このペンキ $\frac{1}{2}$ dL では、かべを何 m² ぬることができるか考えます。

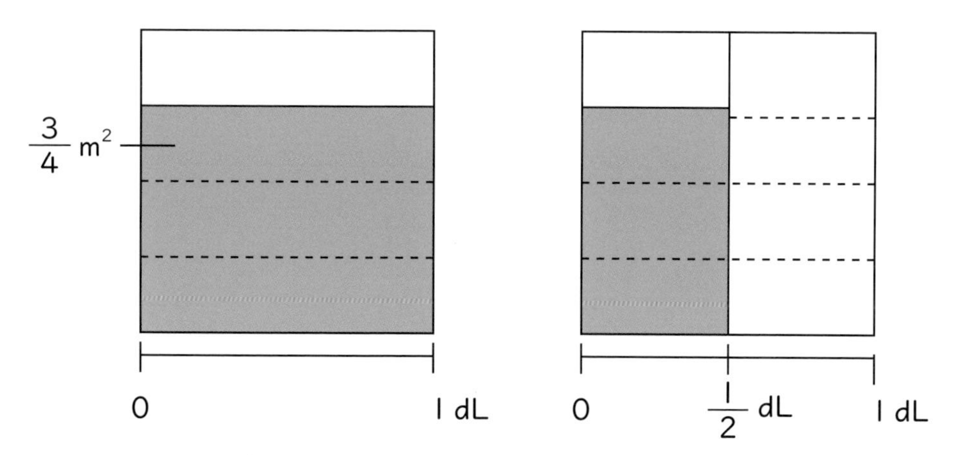

１dL では $\frac{3}{4}$ m²、$\frac{1}{2}$ dL はその半分の $\frac{3}{8}$ m² になります。式で表せば $\frac{3}{4}\times\frac{1}{2}=\frac{3\times1}{4\times2}=\frac{3}{8}$

分数のかけ算は、分子どうし、分母どうしをかけます。

＊ 次の計算をしましょう。

① $\frac{1}{2}\times\frac{1}{3}=$　　② $\frac{3}{4}\times\frac{1}{4}=$

月　　日

6 分数のかけ算（2）

＊ 次の計算をしましょう。

① $\frac{3}{4} \times \frac{3}{5} =$

② $\frac{3}{8} \times \frac{3}{5} =$

③ $\frac{4}{5} \times \frac{7}{9} =$

④ $\frac{2}{5} \times \frac{1}{3} =$

⑤ $\frac{2}{5} \times \frac{2}{5} =$

⑥ $\frac{1}{7} \times \frac{5}{6} =$

⑦ $\frac{3}{7} \times \frac{5}{4} =$

⑧ $\frac{2}{7} \times \frac{4}{5} =$

月　日

7 分数のかけ算（3）

＊ 次の計算をしましょう。約分ができるときは約分しましょう。

① $\frac{2}{3}\times\frac{1}{6}=$

② $\frac{2}{5}\times\frac{1}{4}=$

③ $\frac{3}{7}\times\frac{5}{6}=$

④ $\frac{3}{5}\times\frac{2}{3}=$

⑤ $\frac{2}{5}\times\frac{1}{2}=$

⑥ $\frac{5}{6}\times\frac{7}{10}=$

⑦ $\frac{3}{4}\times\frac{1}{9}=$

⑧ $\frac{5}{8}\times\frac{3}{5}=$

月　日

8 分数のかけ算（4）

＊ 次の計算をしましょう。約分ができるときは約分しましょう。

① $\frac{5}{6}\times\frac{3}{4}=$

② $\frac{3}{4}\times\frac{6}{7}=$

③ $\frac{1}{2}\times\frac{2}{9}=$

④ $\frac{1}{6}\times\frac{3}{4}=$

⑤ $\frac{3}{4}\times\frac{2}{7}=$

⑥ $\frac{5}{6}\times\frac{3}{7}=$

⑦ $\frac{1}{5}\times\frac{5}{6}=$

⑧ $\frac{3}{10}\times\frac{5}{7}=$

月　　日

9 分数のかけ算（5）

＊　次の計算をしましょう。約分ができるときは約分しましょう。

① $\frac{5}{7} \times \frac{7}{10} =$

② $\frac{5}{6} \times \frac{3}{5} =$

③ $\frac{4}{5} \times \frac{5}{8} =$

④ $\frac{7}{8} \times \frac{2}{7} =$

⑤ $\frac{2}{5} \times \frac{5}{6} =$

⑥ $\frac{2}{9} \times \frac{3}{4} =$

⑦ $\frac{3}{10} \times \frac{2}{3} =$

⑧ $\frac{9}{10} \times \frac{5}{6} =$

月　　日

10 分数のかけ算（6）

＊ 次の計算をしましょう。約分ができるときは約分しましょう。

① $\frac{7}{8} \times \frac{6}{35} =$

② $\frac{14}{15} \times \frac{5}{8} =$

③ $\frac{16}{27} \times \frac{9}{20} =$

④ $\frac{4}{15} \times \frac{15}{16} =$

⑤ $\frac{9}{14} \times \frac{7}{12} =$

⑥ $\frac{4}{9} \times \frac{3}{16} =$

⑦ $\frac{4}{5} \times \frac{5}{12} =$

⑧ $\frac{5}{9} \times \frac{3}{10} =$

月　日

11 分数のかけ算（7）

$$\frac{2}{7}\times 2=\frac{2\times 2}{7\times 1}$$

← 2は$\frac{2}{1}$と考える

$$=\frac{4}{7}$$

＊　次の計算をしましょう。約分できるものは約分をしましょう。仮分数はそのままでよいです。

① $\frac{2}{3}\times 2=$

② $\frac{3}{5}\times 4=$

③ $\frac{3}{7}\times 2=$

④ $\frac{2}{9}\times 6=$

⑤ $\frac{5}{16}\times 6=$

⑥ $\frac{3}{10}\times 2=$

12 分数のかけ算（8）

$$3 \times \frac{1}{8} = \frac{3 \times 1}{1 \times 8} = \frac{3}{8}$$

←3は$\frac{3}{1}$と考える

＊ 次の計算をしましょう。約分できるものは約分をしましょう。

① $5 \times \frac{3}{16} =$

② $2 \times \frac{1}{5} =$

③ $2 \times \frac{2}{9} =$

④ $10 \times \frac{1}{15} =$

⑤ $8 \times \frac{1}{12} =$

⑥ $7 \times \frac{1}{14} =$

13 分数のかけ算（9）

$$1\frac{1}{9} \times \frac{3}{4} = \frac{10 \times 3}{9 \times 4}$$

⬅帯分数は仮分数に

$$= \frac{5}{6}$$

＊　次の計算をしましょう。約分できるものは約分をしましょう。仮分数は帯分数に直しましょう。

① $2\frac{1}{4} \times \frac{10}{21} =$

② $\frac{10}{27} \times 3\frac{3}{5} =$

③ $4\frac{1}{6} \times 1\frac{1}{15} =$

14 分数のかけ算（10）

1 積が5より小さくなるのは、どれとどれですか。
計算しないで答えましょう。

① $5\times\frac{2}{3}$　② $5\times\frac{5}{4}$　③ $5\times\frac{8}{7}$

④ $5\times\frac{9}{4}$　⑤ $5\times\frac{1}{6}$　⑥ $5\times\frac{15}{4}$

（　　　）

2 1dLのペンキで$\frac{5}{4}$m²のへいがぬれます。$\frac{8}{5}$dLでは、何m²のへいがぬれますか。

式

答え

3 畑1m²あたり$\frac{3}{7}$Lの水をまきます。$\frac{14}{9}$m²の畑では、何Lの水がいりますか。

式

答え

月　日

15 分数のわり算（1）

２つの数の積が１になるとき、一方の数を他方の数の **逆数** といいます。

＊ 次の数の逆数をかきましょう。

① $\frac{2}{3}$

② $\frac{4}{5}$

③ $\frac{8}{7}$

④ $\frac{10}{9}$

⑤ $1\frac{2}{5}$

⑥ $2\frac{1}{3}$

⑦ 0.3

⑧ 1.9

⑨ 2

⑩ 5

16 分数のわり算（2）

$\frac{1}{2}$dLのペンキで、$\frac{1}{4}$m²のかべをぬります。このペンキ1dLでは、かべを何m²ぬれるか考えます。

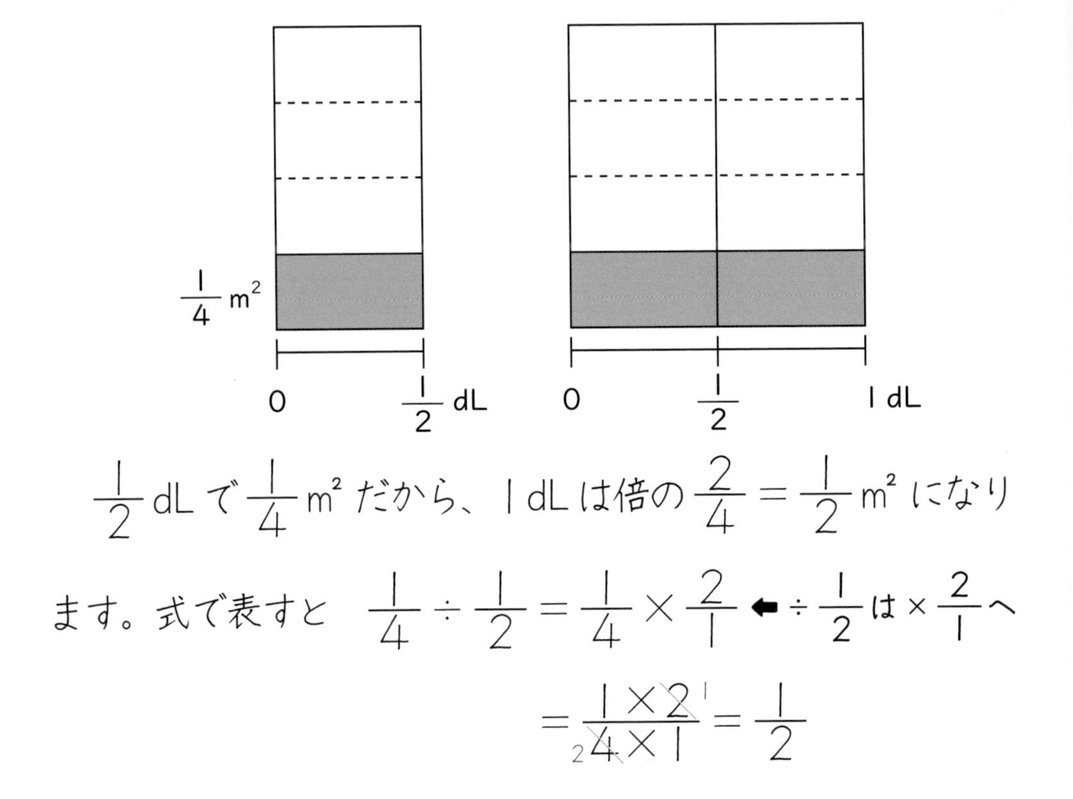

$\frac{1}{2}$dLで$\frac{1}{4}$m²だから、1dLは倍の$\frac{2}{4}=\frac{1}{2}$m²になります。式で表すと　$\frac{1}{4}\div\frac{1}{2}=\frac{1}{4}\times\frac{2}{1}$ ⬅ $\div\frac{1}{2}$は$\times\frac{2}{1}$へ

$$=\frac{1\times\overset{1}{\cancel{2}}}{\underset{2}{\cancel{4}}\times 1}=\frac{1}{2}$$

＊　次の計算をしましょう。

① $\frac{3}{5}\div\frac{2}{3}=$　　　② $\frac{2}{7}\div\frac{3}{8}=$

月　日

17 分数のわり算（3）

＊ 次の計算をしましょう。仮分数はそのままでよいです。

① $\frac{2}{3} \div \frac{3}{4} =$

② $\frac{1}{5} \div \frac{5}{8} =$

③ $\frac{1}{6} \div \frac{2}{7} =$

④ $\frac{1}{4} \div \frac{3}{5} =$

⑤ $\frac{5}{9} \div \frac{3}{5} =$

⑥ $\frac{1}{4} \div \frac{4}{7} =$

⑦ $\frac{5}{7} \div \frac{3}{8} =$

⑧ $\frac{4}{5} \div \frac{5}{8} =$

18 分数のわり算（4）

＊ 次の計算をしましょう。約分ができるときは約分しましょう。

① $\frac{2}{3} \div \frac{4}{5} =$　　② $\frac{5}{6} \div \frac{10}{11} =$

③ $\frac{5}{12} \div \frac{5}{7} =$　　④ $\frac{2}{5} \div \frac{4}{7} =$

⑤ $\frac{2}{7} \div \frac{2}{5} =$　　⑥ $\frac{4}{5} \div \frac{6}{7} =$

⑦ $\frac{4}{7} \div \frac{4}{5} =$　　⑧ $\frac{3}{5} \div \frac{9}{7} =$

月　　日

19 分数のわり算（5）

＊ 次の計算をしましょう。約分ができるときは約分しましょう。

① $\frac{1}{2} \div \frac{5}{6} =$

② $\frac{2}{3} \div \frac{7}{9} =$

③ $\frac{3}{4} \div \frac{5}{6} =$

④ $\frac{3}{5} \div \frac{7}{10} =$

⑤ $\frac{5}{6} \div \frac{8}{9} =$

⑥ $\frac{5}{8} \div \frac{3}{4} =$

⑦ $\frac{1}{6} \div \frac{3}{8} =$

⑧ $\frac{2}{7} \div \frac{5}{7} =$

20 分数のわり算（6）

＊ 次の計算をしましょう。約分ができるときは約分しましょう。

① $\frac{2}{3} \div \frac{8}{9} =$

② $\frac{5}{6} \div \frac{10}{9} =$

③ $\frac{2}{5} \div \frac{4}{5} =$

④ $\frac{2}{7} \div \frac{6}{7} =$

⑤ $\frac{3}{8} \div \frac{9}{10} =$

⑥ $\frac{3}{5} \div \frac{9}{10} =$

⑦ $\frac{2}{9} \div \frac{4}{9} =$

⑧ $\frac{7}{10} \div \frac{7}{8} =$

月　日

21 分数のわり算（7）

＊ 次の計算をしましょう。約分ができるときは約分しましょう。仮分数はそのままでよいです。

① $\frac{3}{4} \div \frac{9}{8} =$

② $\frac{2}{5} \div \frac{8}{15} =$

③ $\frac{3}{7} \div \frac{9}{14} =$

④ $\frac{3}{5} \div \frac{9}{25} =$

⑤ $\frac{7}{8} \div \frac{7}{4} =$

⑥ $\frac{4}{9} \div \frac{8}{9} =$

⑦ $\frac{2}{3} \div \frac{8}{15} =$

⑧ $\frac{8}{9} \div \frac{20}{21} =$

月　　日

22 分数のわり算（8）

$$\frac{2}{7} \div 5 = \frac{2 \times 1}{7 \times 5} \qquad \Leftarrow 5\text{の逆数は}\frac{1}{5}$$

$$= \frac{2}{35}$$

＊　次の計算をしましょう。約分できるときは約分しましょう。

① $\frac{5}{9} \div 4 =$

② $\frac{1}{7} \div 2 =$

③ $\frac{1}{5} \div 2 =$

④ $\frac{3}{4} \div 6 =$

⑤ $\frac{8}{5} \div 6 =$

⑥ $\frac{6}{7} \div 4 =$

月　日

23 分数のわり算 (9)

$$2\frac{1}{12} \div 1\frac{7}{8} = \frac{\overset{5}{\cancel{25}} \times \overset{2}{\cancel{8}}}{\underset{3}{\cancel{12}} \times \underset{3}{\cancel{15}}}$$

⬅帯分数は仮分数に

$$= \frac{10}{9} = 1\frac{1}{9}$$

＊ 次の計算をしましょう。仮分数は帯分数に直しましょう。

① $1\frac{1}{8} \div 1\frac{1}{14} =$

② $5\frac{5}{6} \div 1\frac{5}{9} =$

③ $1\frac{7}{8} \div 1\frac{1}{20} =$

月　日

24 分数のわり算（10）

1 商が３より大きくなるのは、どれとどれですか。
計算しないで答えましょう。

① $3 \div \frac{2}{3}$　② $3 \div \frac{5}{4}$　③ $3 \div \frac{8}{7}$

④ $3 \div \frac{9}{4}$　⑤ $3 \div \frac{1}{6}$　⑥ $3 \div \frac{15}{4}$

（　　　）

2 $\frac{3}{7}$ m² のかべをぬるのに、ペンキを $\frac{4}{3}$ dL使いました。

ペンキ１dLでは、何m² ぬれますか。

式

答え

3 $\frac{6}{7}$ Lの水を $\frac{3}{5}$ m² の畑に同じようにまきました。１m² あたり何Lの水をまいたことになりますか。

式

答え

月　　日

25 時間と分数（1）

＊ 次の時間は、何時間ですか。分数で表しましょう。

① 40分  時間 約分 ⇒  時間

② 30分  時間 ⇒  時間

③ 5分  時間 ⇒  時間

④ 15分  時間 ⇒  時間

⑤ 10分  時間 ⇒  時間

⑥ 45分  時間 ⇒  時間

⑦ 25分  時間 ⇒  時間

26 時間と分数（2）

＊ 次の時間は、何分ですか。整数で表しましょう。

① $\frac{3}{4}$時間　60 × □ 分 ⇒ □ 分

② $\frac{1}{2}$時間　60 × □ 分 ⇒ □ 分

③ $\frac{2}{3}$時間　60 × □ 分 ⇒ □ 分

④ $\frac{2}{5}$時間　60 × □ 分 ⇒ □ 分

⑤ $\frac{1}{12}$時間　60 × □ 分 ⇒ □ 分

⑥ $\frac{1}{6}$時間　60 × □ 分 ⇒ □ 分

⑦ $\frac{1}{4}$時間　60 × □ 分 ⇒ □ 分

27 分数倍

分数でも、ある大きさが、もとの大きさの何倍にあたるかを求めるには、わり算を使います。

$\frac{1}{2}$ mをもとにすると、$\frac{5}{4}$ mは　$\frac{5}{4}\div\frac{1}{2}=\frac{5}{2}$倍になります。

1 次の答えを求めましょう。

① $\frac{2}{3}$ kgをもとにすると、$\frac{4}{9}$ kgは何倍ですか。

式

答え

② $\frac{4}{9}$ Lを1とみると、$\frac{5}{6}$ Lはいくつにあたりますか。

式

答え

2 ジュースとお茶があります。ジュースは$\frac{6}{5}$ Lで、これはお茶の$\frac{4}{3}$にあたります。お茶は何Lありますか。

式

答え

28 円の面積（1）

＊　ひもをまいて、半径10cmの円をつくりました。この円を1か所半径で切って外周のひもが一直線になるように広げました。円の面積を求めましょう。

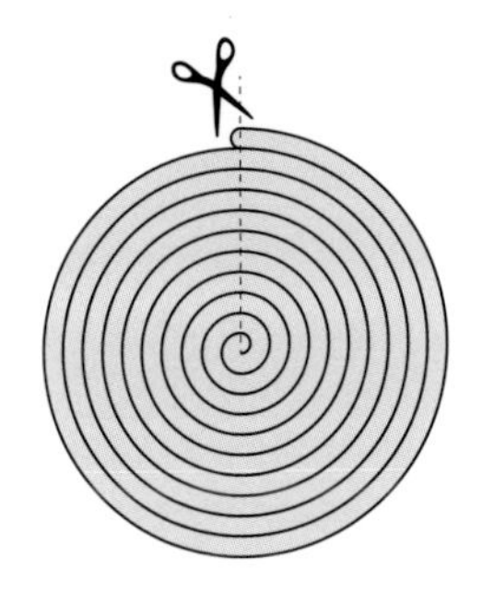

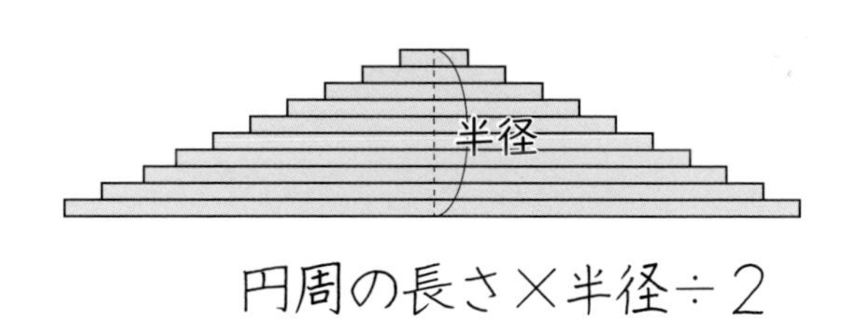

円周の長さ×半径÷2

式

答え

これより

円周の長さ×半径÷2＝直径×3.14×半径÷2
＝半径×2×3.14×半径÷2
＝半径×半径×3.14

円の面積＝半径×半径×3.14（円周率）

29 円の面積（2）

＊　次の円の面積を求めましょう。

①

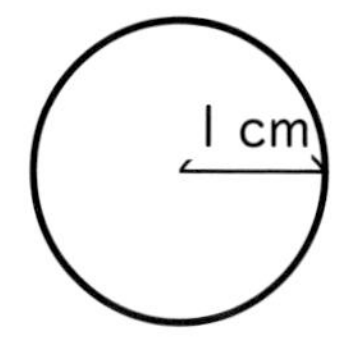

式

答え

②

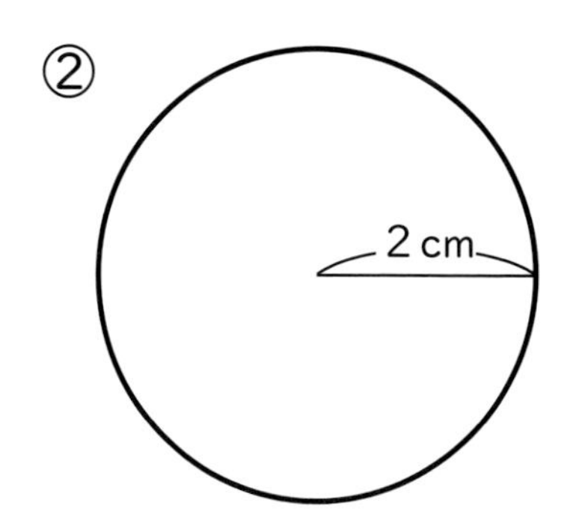

式

答え

③　半径5 cm の円

式

答え

30 円の面積（3）

＊ 次の円の面積を求めましょう。

①

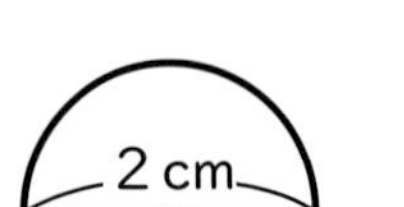

式

答え

②

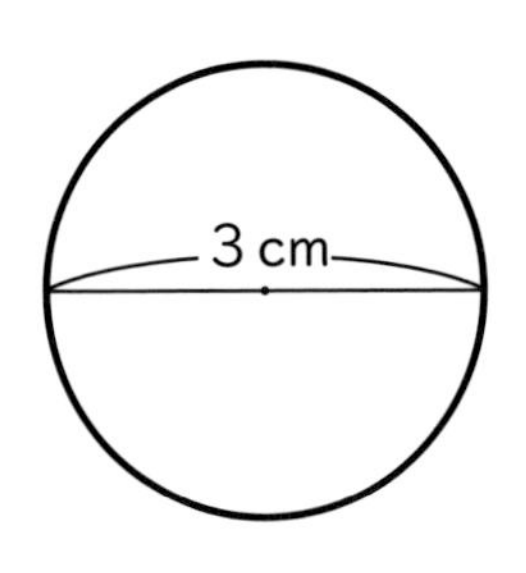

式

答え

③ 直径8 cm の円

式

答え

31 円の面積（4）

＊ 次の図形の面積を求めましょう。

①

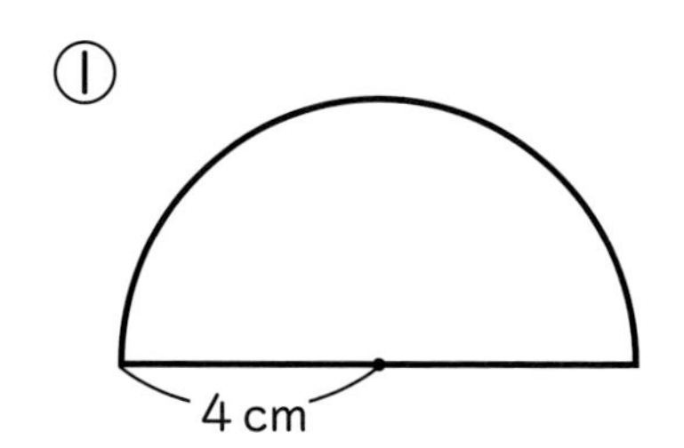

式

答え

②

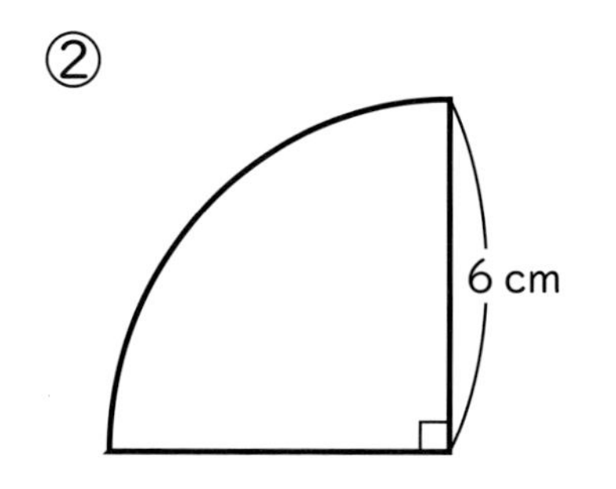

式

答え

③

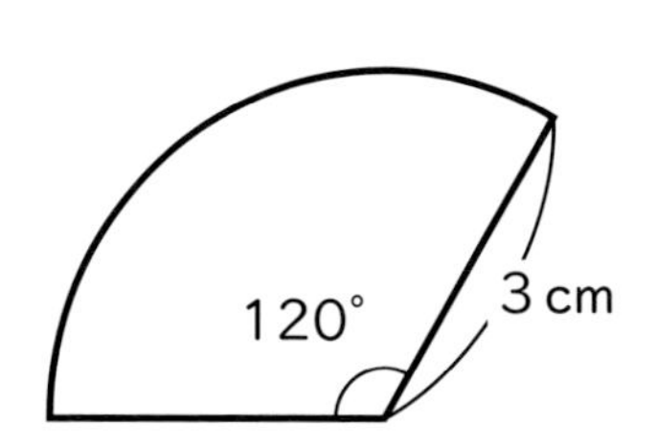

式

答え

32 円の面積（5）

＊ ■の部分の面積を求めましょう。

①

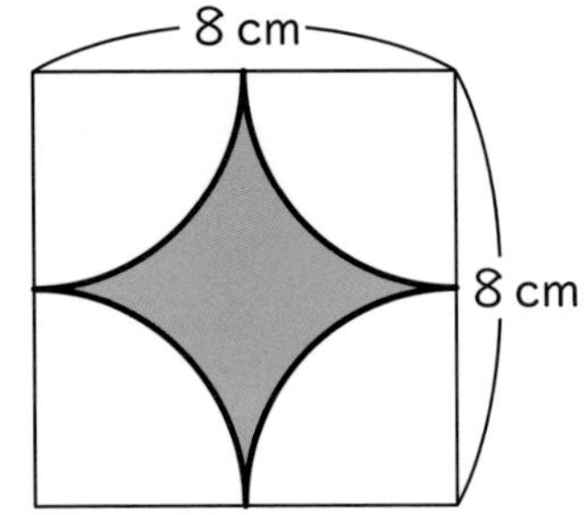

8 cm

8 cm

式

答え

②

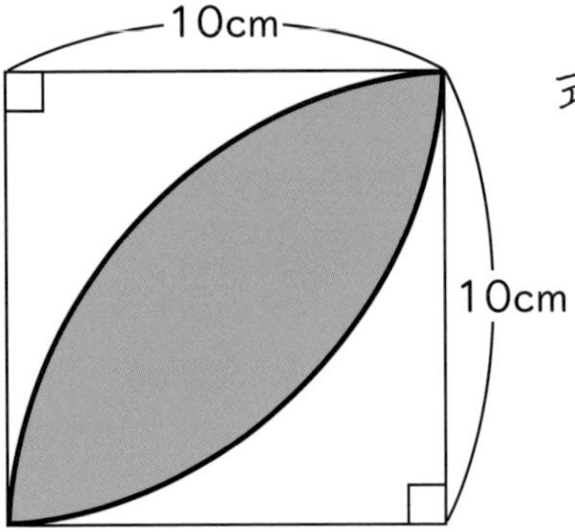

10cm

10cm

式

答え

③

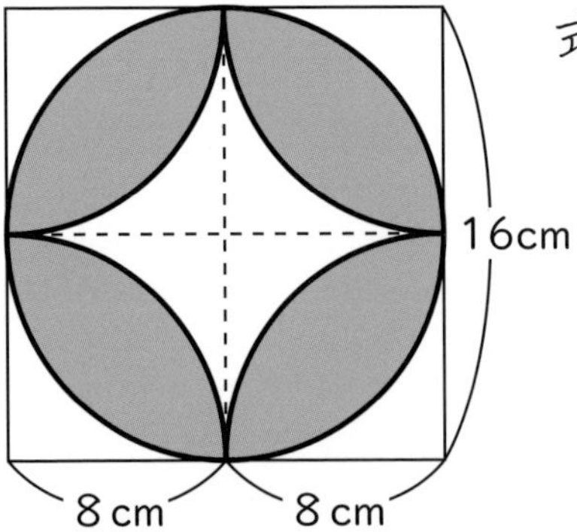

16cm

8 cm　8 cm

式

答え

33 対称な図形（1）

１本の直線を折り目にして折ったとき、ぴったり重なる図形を **線対称な図形**（せんたいしょう）といいます。折り目の直線を **対称の軸**（じく）といいます。

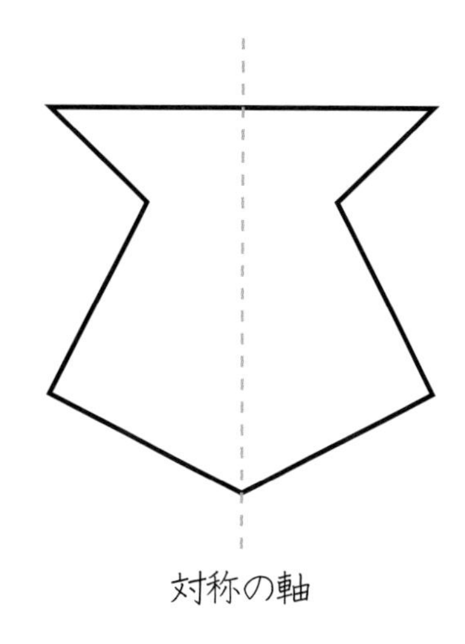

対称の軸

＊ 次の図形の中で線対称な図形を選びましょう。

①

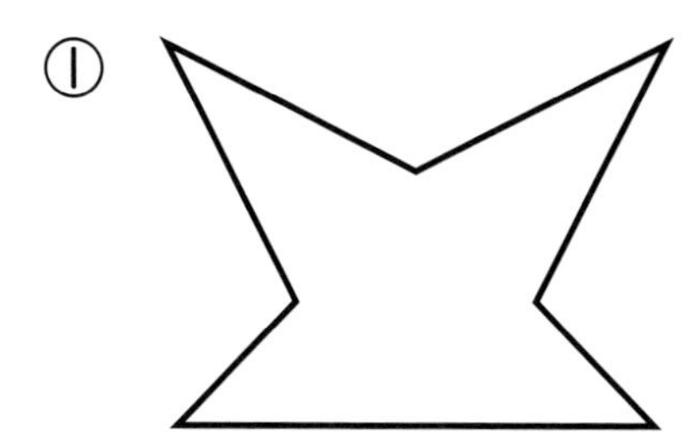

②

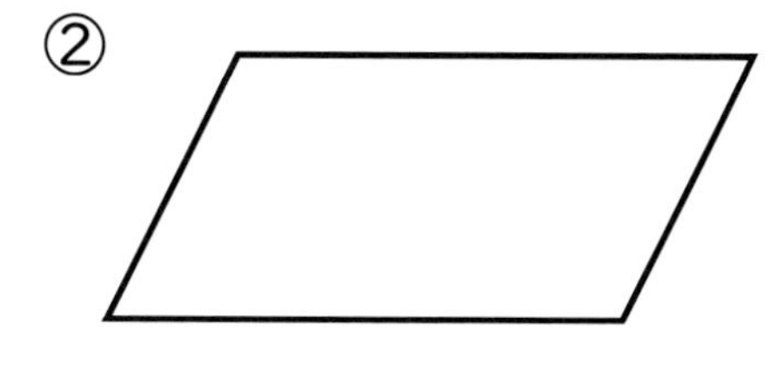

③

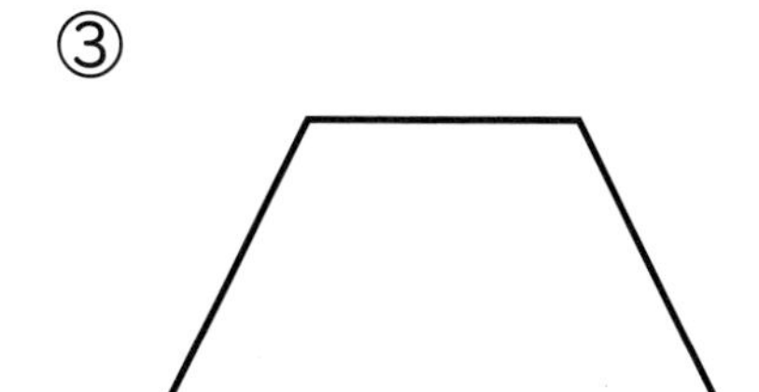

④

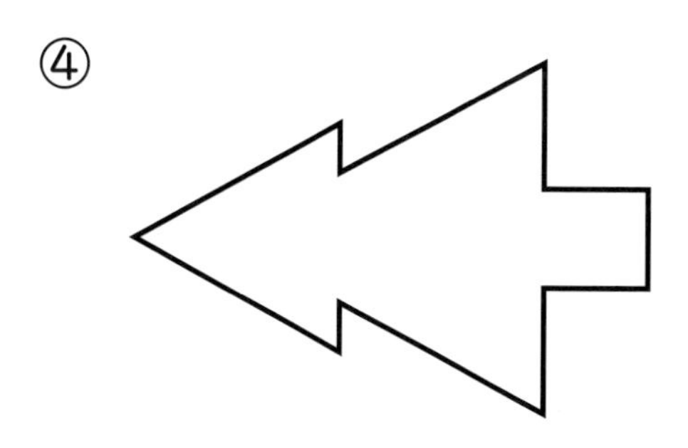

（　　　　）

34 対称な図形（2）

線対称な図形を対称の軸で折ったとき、重なり合う１組の点や角や辺をそれぞれ、**対応する点**、**対応する角**、**対応する辺** といいます。

＊ 線対称な図形について

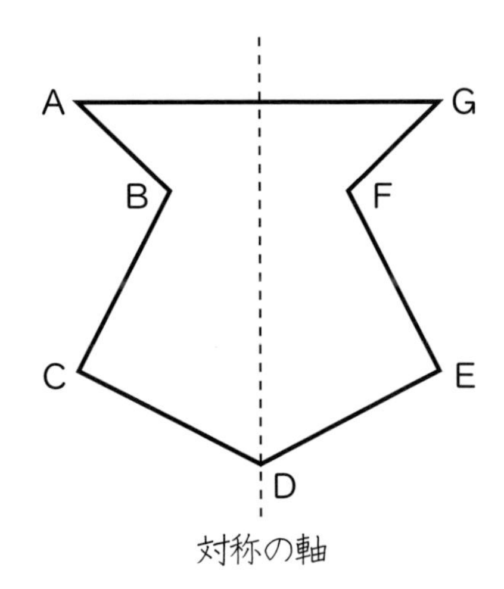

① 対応する点をかきましょう。

（点Aと　　　　）

（点Bと　　　　）

（点Cと　　　　）

② 対応する角をかきましょう。

（角Aと　　　　）　（角Bと　　　　）

（角Cと　　　　）

③ 対応する辺をかきましょう。

（辺ABと　　　　）　（辺BCと　　　　）

（辺CDと　　　　）

35 対称な図形（3）

1 線対称な図形について調べましょう。

① 対称の軸と、対応する点を結んだ直線 BG や直線 CF はどのように交わっていますか。

（　　　　　　　　）

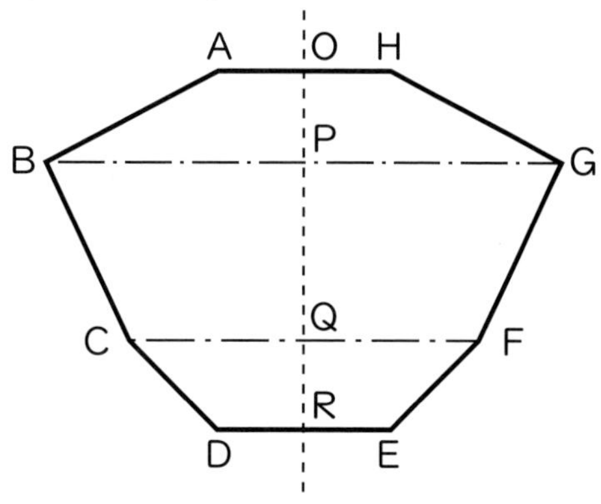

② BP と GP の長さはどうなっていますか。

（　　　　　　　　）

2 線対称な図形について答えましょう。

① 直線 BI の長さは何 cm ですか。（　　　　）

② 直線 EO の長さは何 cm ですか。（　　　　）

③ 角 O は何度ですか。

（　　　　）

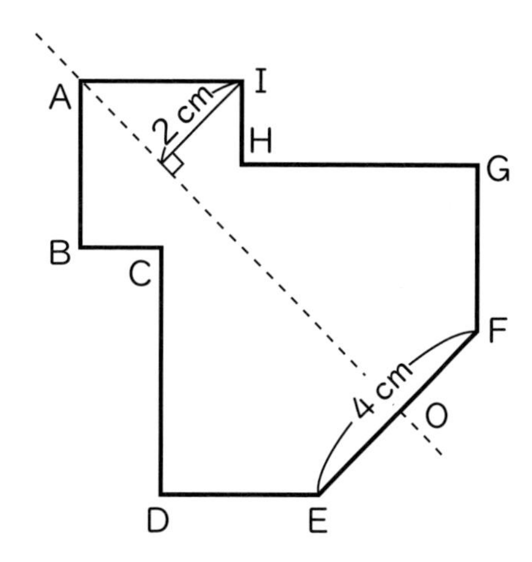

36 対称な図形（4）

＊ 線対称な図形をしあげましょう。（AB は対称の軸）

①

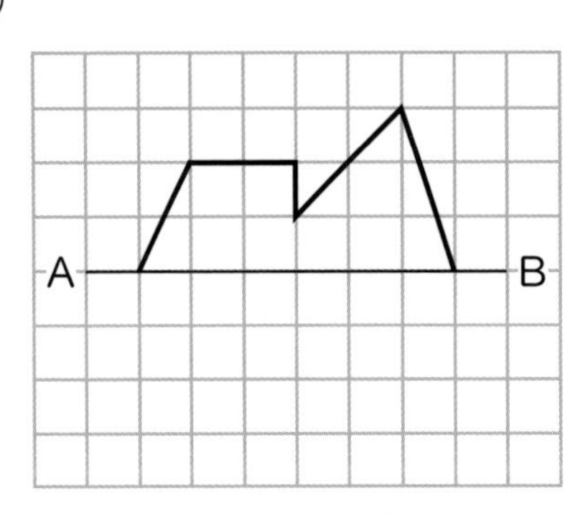

②

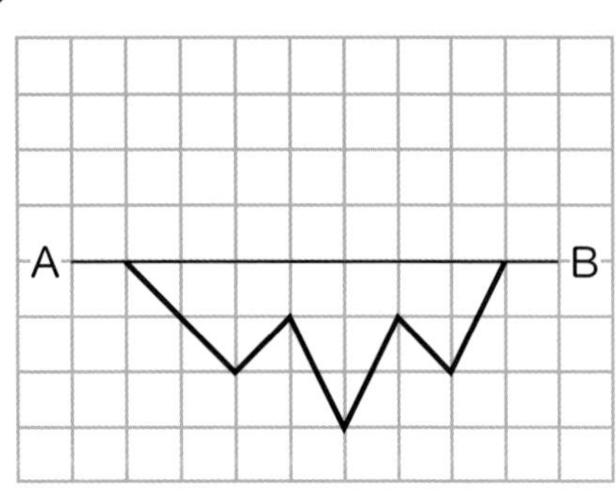

③

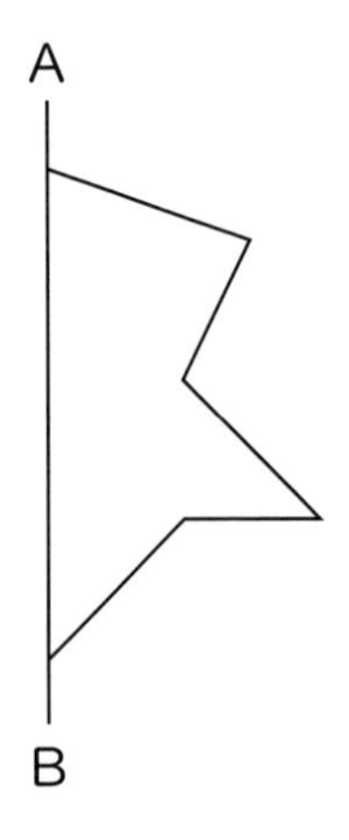

④

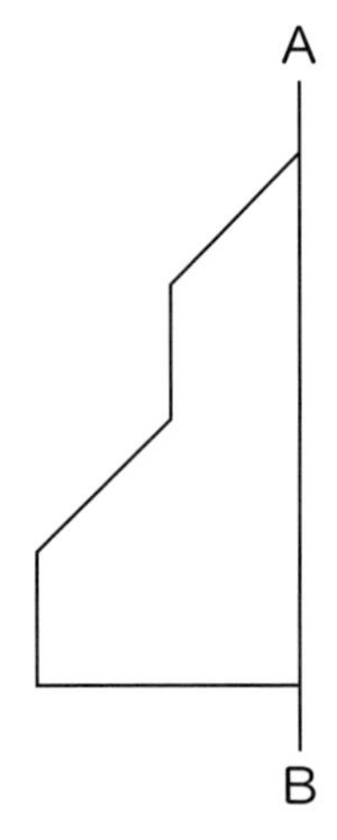

月　日

37 対称な図形（5）

点Oを中心にして180°回転させたとき、もとの図形とぴったり重なる図形を **点対称な図形** といいます。Oを **対称の中心** といいます。

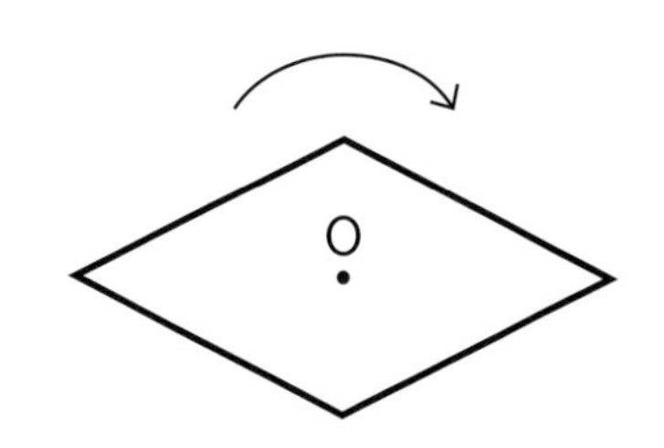

＊ 次の図形の中で点対称な図形を選びましょう。

①

②

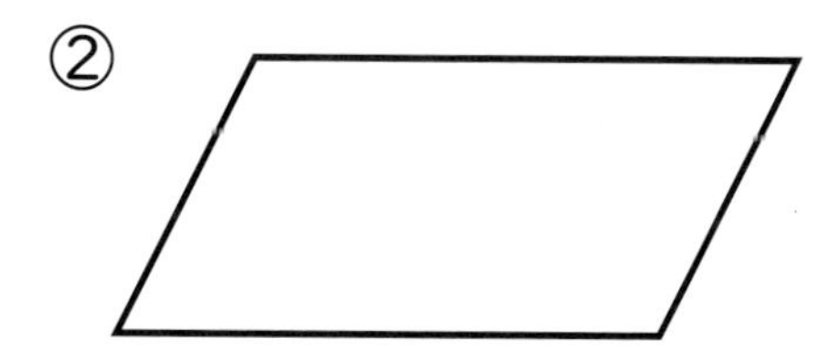

③

④

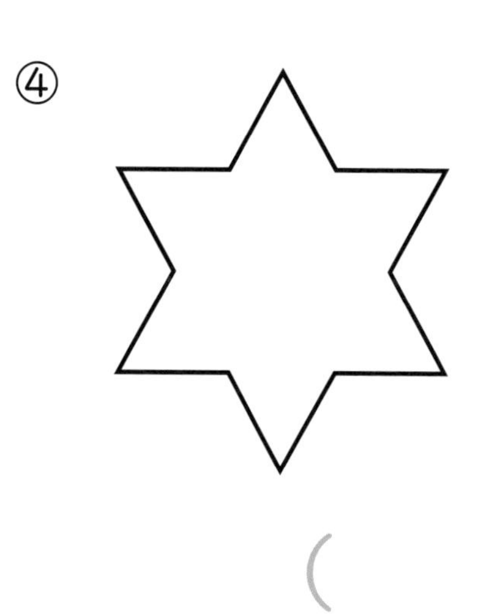

（　　　　）

38 対称な図形（6）

点対称（てんたいしょう）な図形で、対称の中心のまわりに180°回転したときに重なり合う点、角、辺をそれぞれ **対応する点**、**対応する角**、**対応する辺** といいます。

＊ 点対称な図形について

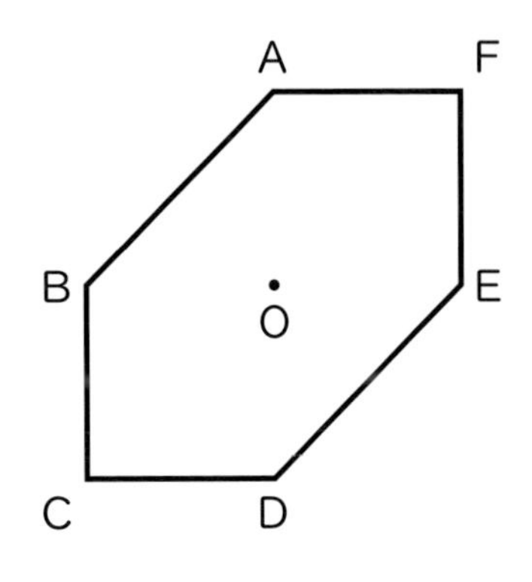

① 対応する点をかきましょう。

（点Aと　　　　）

（点Bと　　　　）

（点Cと　　　　）

② 対応する角をかきましょう。

（角Aと　　　　）　（角Bと　　　　）

（角Cと　　　　）

③ 対応する辺をかきましょう。

（辺ABと　　　　）　（辺BCと　　　　）

（辺CDと　　　　）

対応する角の大きさは等しく、対応する辺の長さは等しくなります。

39 対称な図形（7）

1 点対称(てんたいしょう)な図形について調べましょう。

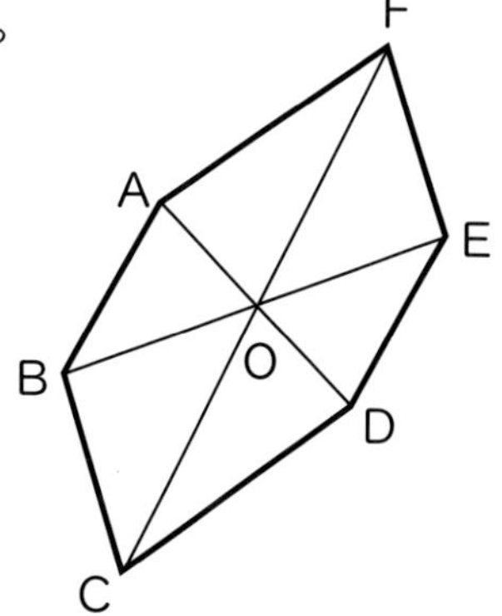

① 対応する点AとD、BとE、CとFを結びました。交わる点を何といいますか。

（　　　　　）

② AOとDOの長さはどうなっていますか。

（　　　　　）

③ BOとEOの長さはどうなっていますか。

（　　　　　）

2 点対称な図形について

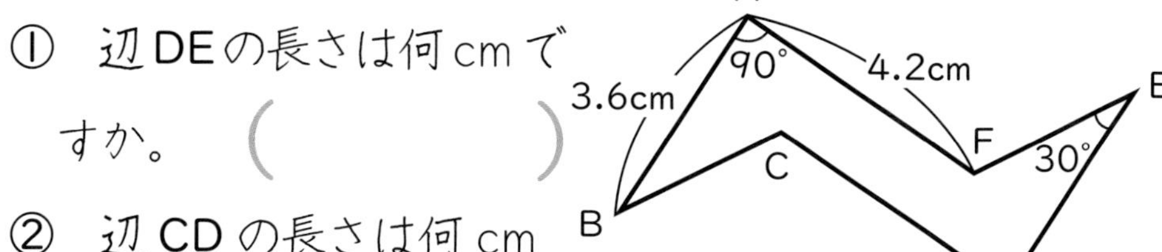

① 辺DEの長さは何cmですか。（　　　　　）

② 辺CDの長さは何cmですか。（　　　　　）

③ 角Bの大きさは何度ですか。（　　　　　）

④ 角Dの大きさは何度ですか。（　　　　　）

対称な図形（8）

＊ 点対称な図形をしあげましょう。（O は対称の中心）

①

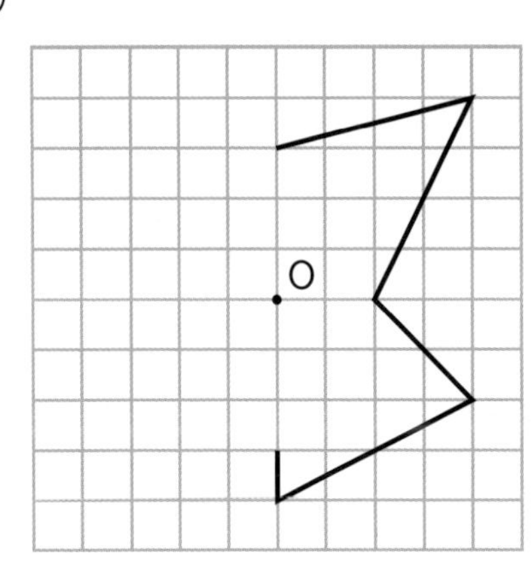

②

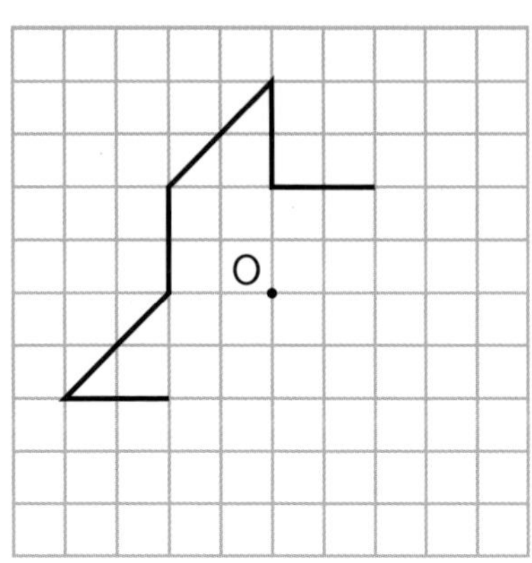

③

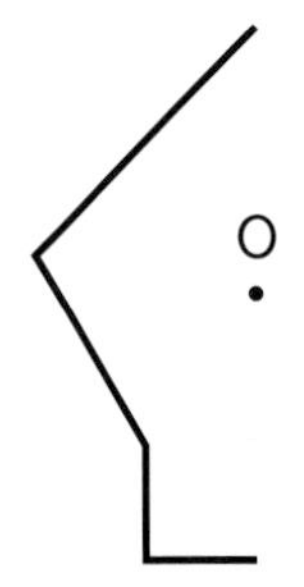

④

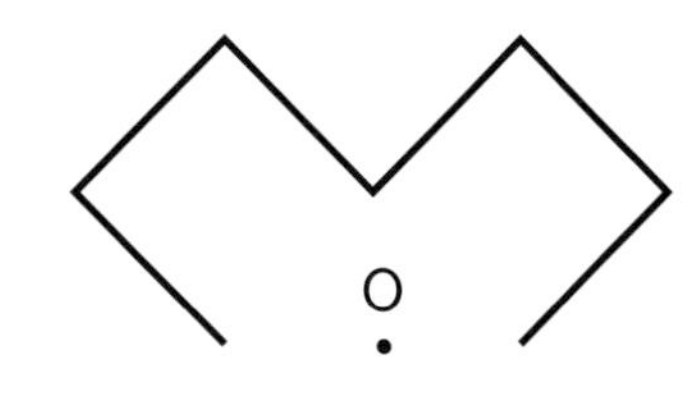

41 比とその利用（1）

ウスターソース小さじ２はい、ケチャップ小さじ３ばいを混ぜて、ハンバーグソースをつくります。

ウスターソース

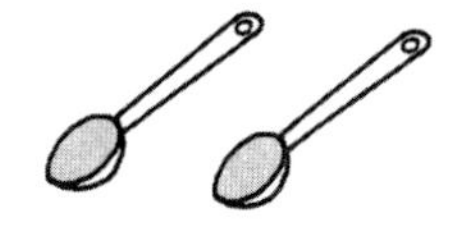

ケチャップ

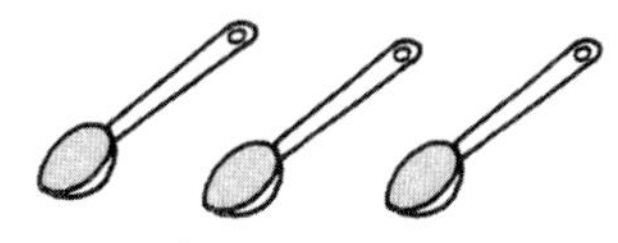

ウスターソースとケチャップの量は、２と３の割合（わりあい）になっています。この２と３の割合を、記号「：」を使って **２：３** と表し、「**２対３**」と読みます。このように表された割合を **比** といいます。

1 １個150gのなしと、１個80gのみかんがあります。なしとみかんの重さの比をつくりましょう。

（　　　　）

2 縦（たて）の長さ80cm、横の長さ120cmの旗があます。縦と横の長さの比をつくりましょう。

（　　　　）

42 比とその利用（2）

比が a：b で表されるとき、b をもとにして、a が b の何倍にあたるかを表した数 $\frac{a}{b}$ を **比の値**（あたい）といいます。

1 次の比の値を求めましょう。

① 1：2（　　　　）② 4：5（　　　　）

ウスターソースとケチャップを２：３に混ぜたものが１人分です。２人分は４：６にすれば同じ割合（わりあい）になります。このとき、２つの比は等しいといいます。

１人分の比の値は $\frac{2}{3}$、２人分の比の値は $\frac{4}{6}=\frac{2}{3}$

となり等しくなります。

2 比３：５と等しい比を選びましょう。

① 3：6　　② 6：10

③ 9：15　　④ 15：35

（　　　　）

月　日

43 比とその利用（3）

1 等しい比をつくりましょう。

① 2：3＝4：□　　② 2：5＝4：□

③ 3：7＝27：□　　④ 8：9＝40：□

⑤ 4：5＝□：25　　⑥ 6：8＝□：56

⑦ 9：3＝□：33　　⑧ 3：4＝□：12

2 次の比を簡単（かんたん）にしましょう。

① 20：15＝　　② 6：18＝

③ 8：12＝　　④ 18：15＝

⑤ 24：16＝　　⑥ 36：24＝

⑦ 18：48＝　　⑧ 49：56＝

44 比とその利用（4）

＊ 次の比を簡単(かんたん)にしましょう。

① $0.3:0.7=$

② $0.4:0.6=$

③ $1.5:4.5=$

④ $0.9:7.2=$

⑤ $2.4:5.6=$

⑥ $1.2:6=$

⑦ $\frac{1}{3}:\frac{1}{4}=$

⑧ $\frac{1}{5}:\frac{1}{6}=$

⑨ $\frac{2}{5}:\frac{1}{2}=$

⑩ $\frac{5}{12}:\frac{3}{8}=$

⑪ $\frac{4}{5}:\frac{3}{10}=$

⑫ $\frac{5}{6}:\frac{3}{14}=$

45 比とその利用（5）

1　野菜畑と花畑の面積の比は８：５です。野菜畑の面積が $24m^2$ のとき、花畑の面積は何 m^2 ですか。

式

答え

2　山下さんの持っている色紙の数と、森さんの持っている色紙の数の比は６：７です。森さんが35枚（まい）持っているとき、山下さんは何枚持っていますか。

式

答え

3　コーヒーと牛乳（ぎゅうにゅう）を３：４の割合（わりあい）で混ぜてコーヒー牛乳をつくります。コーヒーが90mLのとき、牛乳は何mLいりますか。

式

答え

46 比とその利用（6）

1　5年生と6年生の人数の合計は189人です。5年生の人数と6年生の人数の比は3：4です。それぞれ何人ですか。

式

答え

2　長さ4mのロープがあります。このロープを3：5となるように分けます。何cmと何cmに分けますか。

式

答え

3　1周すると90mの長方形の池があります。池の縦（たて）と横の比は2：3です。縦と横の長さを求めましょう。

式

答え

47 拡大図・縮図（1）

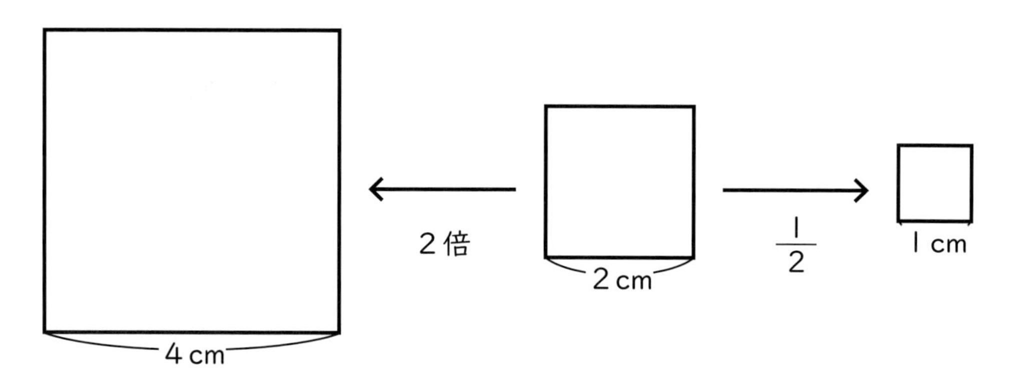

1辺の長さ2cmの正方形を2倍に拡大（かくだい）すると左側の1辺の長さ4cmの正方形になります（**拡大図**）。

1辺の長さ2cmの正方形を$\frac{1}{2}$に縮小（しゅくしょう）すると右側の1辺の長さ1cmの正方形になります（**縮図**）。

2倍の拡大図では、どの辺の長さも2倍になり、角の大きさは変わりません。

＊　次の図の2倍の拡大図をかきましょう。

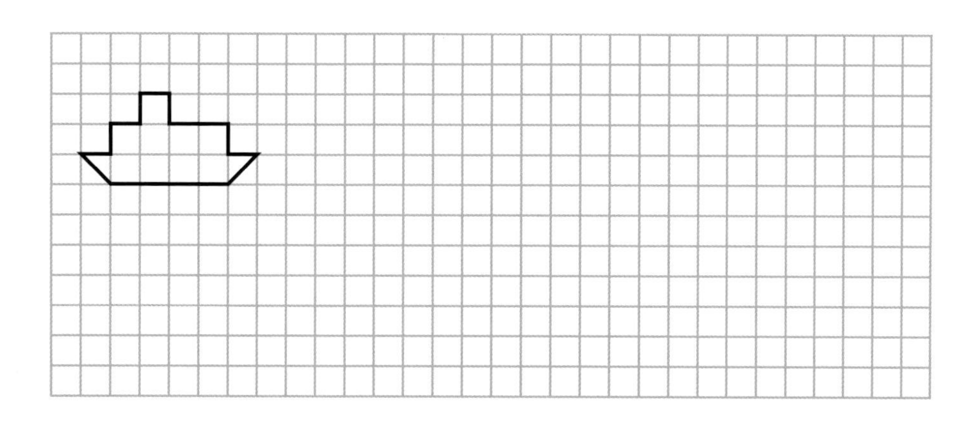

48 拡大図・縮図（2）

1 次の㋐の三角形の拡大図、縮図になっているものはどれですか。何倍の拡大か、何分の一の縮図かも答えましょう。

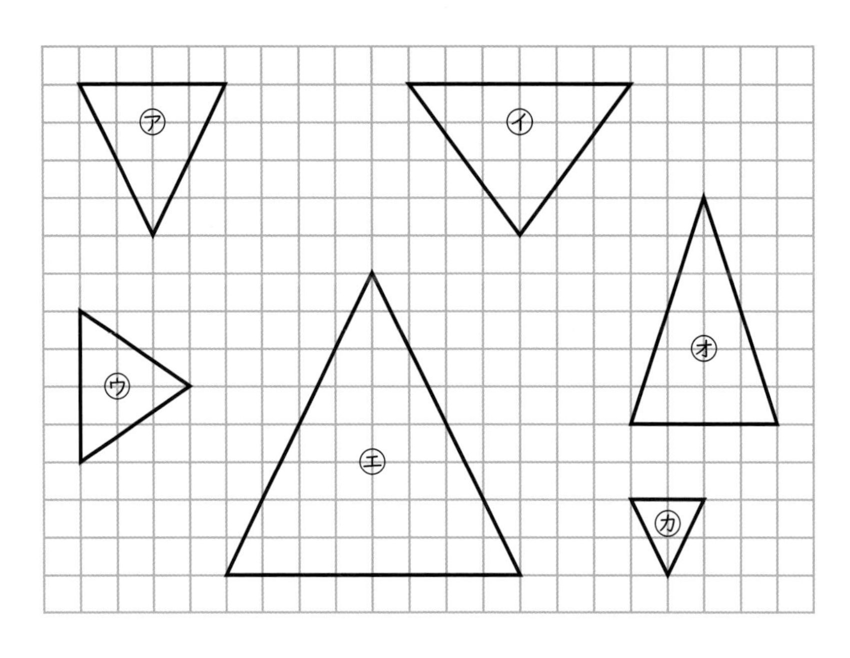

（拡大図　　　　　　　　　　　、縮図　　　　　　　　　　　）

2 長方形㋑は長方形㋐の拡大図といえますか。

（　　　　　　　　　　）

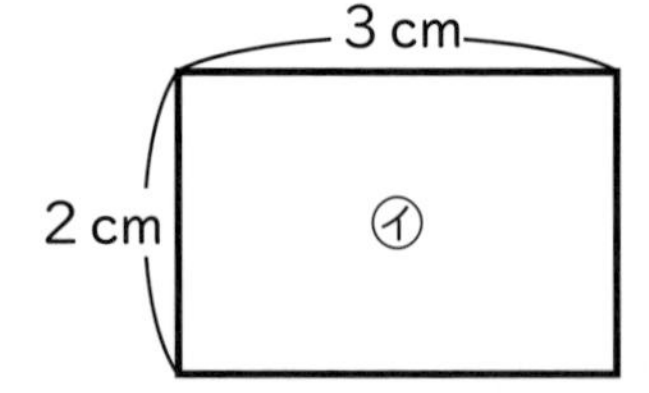

49 拡大図・縮図（3）

＊ 三角形エオカは、三角形アイウの２倍の拡大図(かくだいず)です。

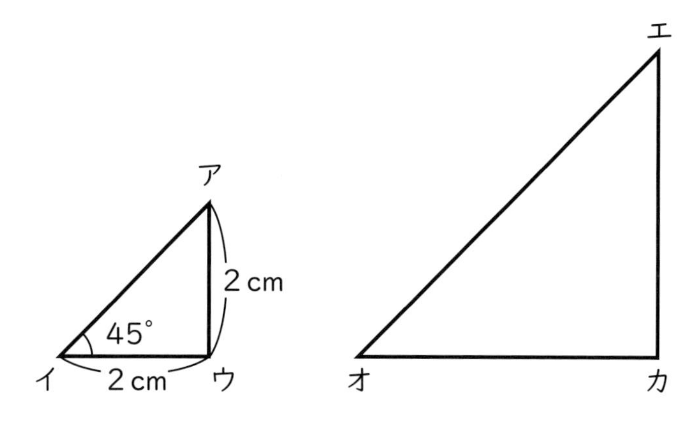

① 辺イウに対応する辺はどこですか。
また、それは何 cm ですか。

答え

② 辺アウに対応する辺はどこですか。
また、それは何 cm ですか。

答え

③ 角イに対応する角はどこですか。
また、それは何度ですか。

答え

50 拡大図・縮図 (4)

＊ 台形オカキクは、台形アイウエの $\frac{1}{2}$ の縮図(しゅくず)です。

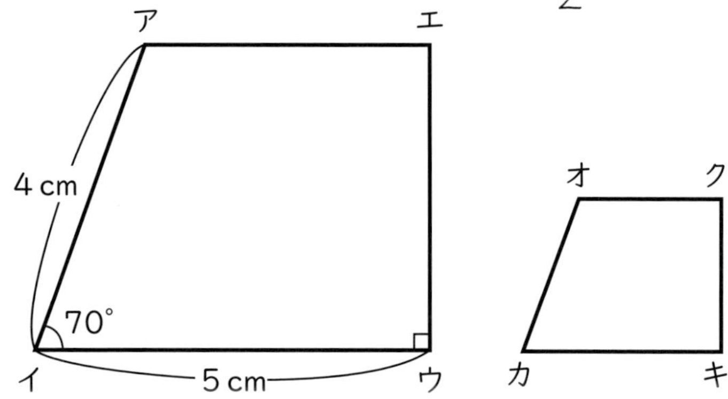

① 辺アイに対応する辺はどれですか。
また、それは何 cm ですか。

答え

② 辺イウに対応する辺はどれですか。
また、それは何 cm ですか。

答え

③ 角イに対応する角はどこですか。
また、それは何度ですか。

答え

51 拡大図・縮図（5）

＊　右の図を２倍に拡大（かくだい）した図をかきましょう。

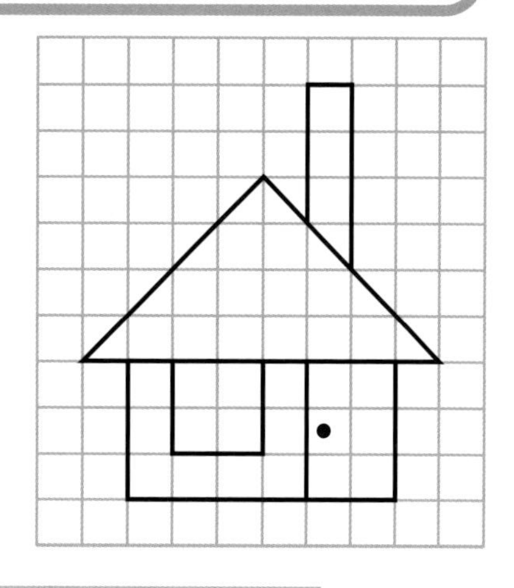

52 拡大図・縮図（6）

＊ 2倍に拡大（かくだい）した図と、$\frac{1}{2}$に縮小（しゅくしょう）した図をかきましょう。Oは拡大・縮小のもとになる点です。

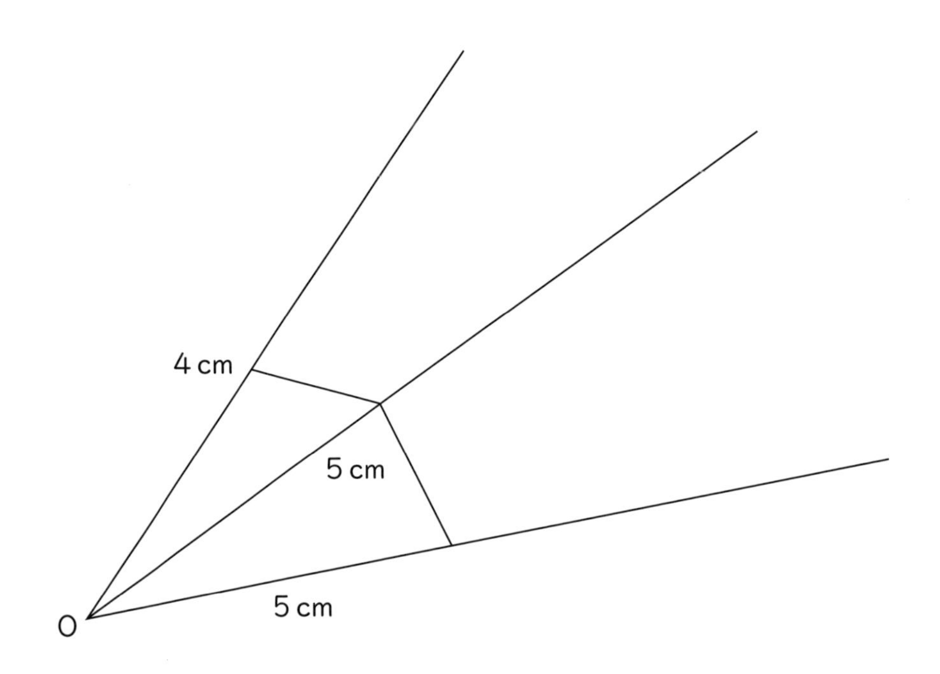

53 拡大図・縮図（7）

＊ 図は、川はばＢＣを求めるためにかいた縮図(しゅくず)です。
ABの実際の長さは15mです。

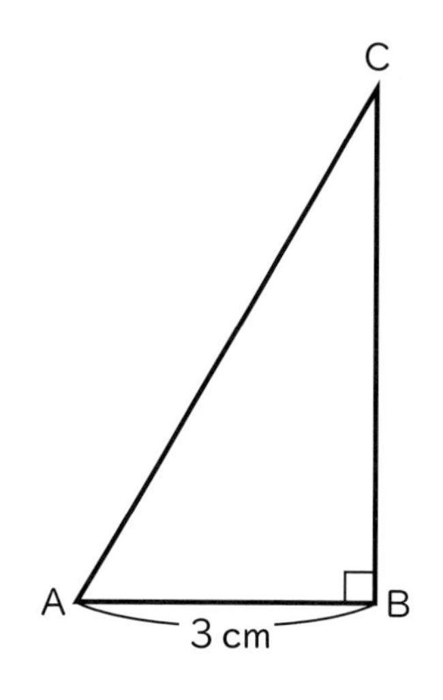

① この縮図は何分の一の縮図ですか。

式

答え

② 縮図BCの長さをはかりましょう。

答え

③ 実際の川はばの長さを求めましょう。

式

答え

54 拡大図・縮図（8）

＊ 校舎のかげの長さをはかって右のような図をかきました。

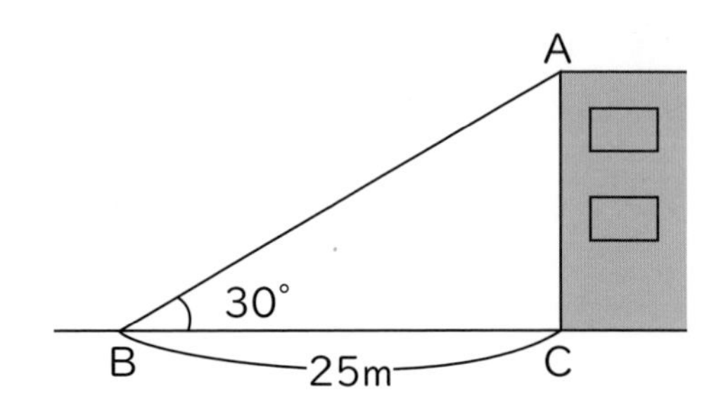

① 25m を 10cm として縮図（しゅくず）をかきましょう。

② CA の実際の長さを求めましょう。

式

答え

55 比例・反比例（1）

ともなって変わる２つの量について、x の値(あたい)が２倍、３倍、……になると、y の値も２倍、３倍、……になるとき、**y は x に比例する** といいます。

たとえば、１本50円のえんぴつを x 本買ったときの代金を y 円とすると、y は x に比例します。

＊ 上のえんぴつの例を表に表しましょう。

本数 x（本）	1	2	3	4	5
代金 y（円）					

x の値が１から２へと２倍になれば、y の値も50から100へと２倍になり、x の値が１から３へと３倍になれば、y の値も50から150へと３倍になります。

つまり、y は x に比例しています。

逆に、y の値が２倍になれば、x の値も２倍になるので、x は y に比例しています。

56 比例・反比例（2）

＊ 1mが300円の布があります。この布をxm買ったときの代金をy円として表をつくりました。

長さx（m）	1	2	3		5	6
代金y（円）	300	600	900		1500	㋐

① yはxに比例しているといえますか。

答え

② xの値（あたい）が1から2へと1増えると、yの値はいくつ増えますか。

答え

③ xの値が2から3へと1増えると、yの値はいくつ増えますか。

答え

④ 表の㋐の値を求めましょう。

答え

比例・反比例（3）

＊　横の長さが4cmの長方形があります。縦(たて)の長さを$x$cmとして、その面積を$y$cm²として表をつくります。

縦　x（cm）	1	2	3	4	5
面積y（cm²）	4	8	12	16	20
$y \div x$	4	4	4	4	㋐

①　yはxに比例しているといえますか。

答え

②　表の㋐の値(あたい)を求めましょう。

答え

上の問題で、$y \div x$の値はいつも決まった数になります。この決まった数4を使って、yをxの式で表すと、次のようになります。

$$y = 4 \times x$$

比例・反比例（4）

＊ 分速60m で歩く人が、歩いた時間を x 分とし、歩いた道のりを ym として、表をつくりました。

時間 x（分）	1	2	3	4	5
道のり y（m）	60	120	180	240	300
$y \div x$					

① y は x に比例しているといえますか。

答え

② 表の $y \div x$ の値（あたい）を求めましょう。この値はいつも同じ値になります。それをかきましょう。

答え

③ y を x の式で表しましょう。

$y =$

④ x が 12分のときの道のりを求めましょう。

式

答え

59 比例・反比例（5）

＊ 高さが８cmの三角形があり、底辺の長さ$x$cmとし、面積を$y$cm²として表をつくりました。

底辺x（cm）	1	2	3		5	㋑
面積y（cm²）	4	8	12		㋐	24

① 表の㋐の値（あたい）を求めましょう。

答え

② 表の㋑の値を求めましょう。

答え

③ yをxの式で表しましょう。

$y=$

④ xの値が10のとき、三角形の面積を求めましょう。

式

答え

60 比例・反比例（6）

＊ 針金（はりがね）の長さ xm、重さ yg の関係を表にしました。

x（m）	0	1	2	3	4	5	6	7	8
y（g）	0	5	10	15	20	25	30	35	40

① グラフに表しましょう。

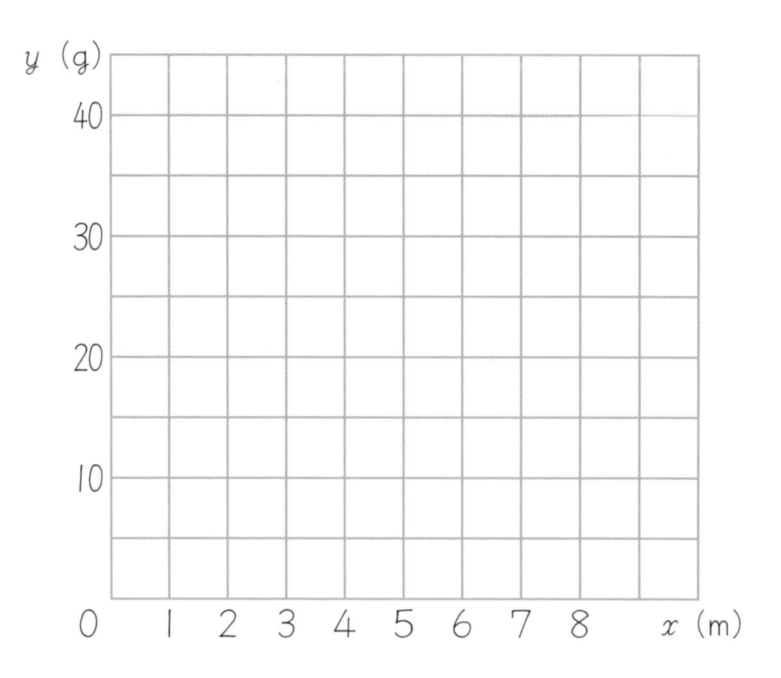

② y を x の式で表しましょう。

（ y ＝ 　　　　　　　　　　）

61 比例・反比例（7）

1　4時間で32m² のかべにペンキをぬる人がいます。
この速さで48m² のかべをぬるのにかかる時間は何時間ですか。

式

答え

2　15Lのガソリンで180km走る車は、60Lのガソリンでは何km走りますか。

式

答え

3　25本のくぎの重さは67.5gでした。100本のくぎは何gですか。

式

答え

62 比例・反比例（8）

ともなって変わる2つの量について、xの値(あたい)が2倍、3倍、……になると、yの値は$\frac{1}{2}$、$\frac{1}{3}$、……になるとき、**yはxに反比例する** といいます。

たとえば、面積が12cm²の長方形の縦(たて)の長さをx、横の長さをyとすれば、yはxに反比例します。

＊ 上の長方形の面積の例を表に表しましょう。

縦x（cm）	1	2	3	4	6	12
横y（cm）						

xの値が1から2へと2倍になれば、yの値は12から6へと$\frac{1}{2}$になり、xの値が1から3と3倍になれば、yの値は12から4と$\frac{1}{3}$になり、yはxに反比例します。

また、yの値が2倍、3倍、……になるとき、xの値は$\frac{1}{2}$、$\frac{1}{3}$になることも確認(かくにん)できるので、xはyに反比例することもわかります。

63 比例・反比例（9）

＊　6kmの道のりを、時速$x$kmで歩いたときのかかる時間をy時間として表をつくりました。

時速x（km）	1	2	3	4	5	6
時間y（時間）	6	3	2	㋐	㋑	1

①　xの値（あたい）が1から2へと2倍になったとき、yの値は何倍になりますか。

答え

②　xの値が1から3へと3倍になったとき、yの値は何倍になりますか。

答え

③　yはxに反比例しているといえますか。

答え

④　表の㋐、㋑の値を求めましょう。

答え　㋐　　　　㋑

64 比例・反比例（10）

＊ 12cm のリボンを x 本に等分し、そのときの長さを y cm として表をつくりました。

本数 x（本）	1	2	3	4	5	6
長さ y（cm）	12	6	4	3	2.4	2
$y \times x$						

① y は x に反比例しているといえますか。

答え

② 表の $y \times x$ の値（あたい）を求めましょう。この値はいつも同じ値になります。それを答えましょう。

答え

③ ②の値を利用して、y を x の式で表しましょう。

$y =$

65 比例・反比例（11）

＊ 面積が 12cm² の長方形の縦(たて)の長さ $x$cm、横の長さ $y$cm として表にしました。

関係式をかいて、グラフをかきましょう。

縦 x（cm）	1	2	3	4	5	6	8	10	12
横 y（cm）	12	6	4	3	2.4	2	1.5	1.2	1

$y =$

y（cm）
12
11
10
9
8
7
6
5
4
3
2
1
0　1　2　3　4　5　6　7　8　9　10　11　12　x（cm）

66 比例・反比例（12）

1 時速5kmで進むと6時間かかるところがあります。同じところを時速10kmで進むと何時間かかりますか。

式

答え

2 1分間に8Lずつ水を入れると6分間かかる水そうがあります。この水そうに1分間12Lずつ入れると何分かかりますか。

式

答え

3 まんじゅうをつくる人は、どの人も同じ速さです。
2人でつくると30分かかります。6人でつくると何分かかりますか。

式

答え

67 角柱・円柱の体積（1）

＊　次の角柱の体積を求めましょう。

①

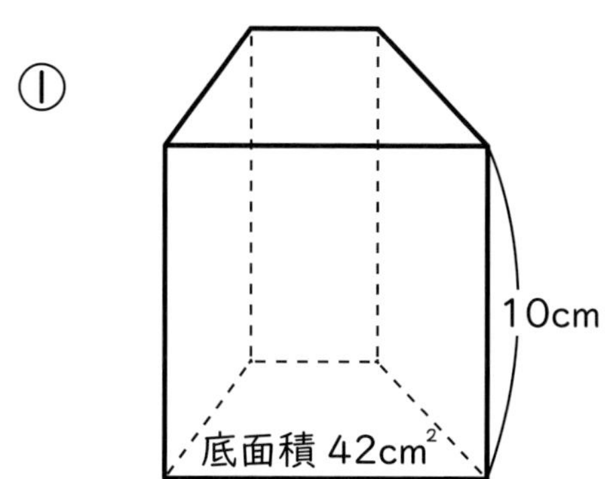

式

答え

②

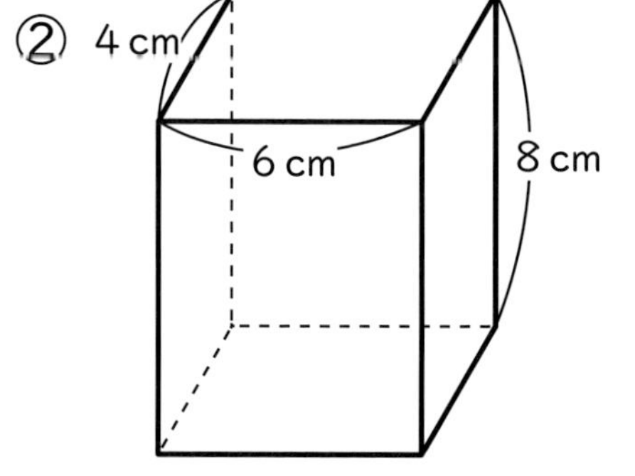

式

答え

③

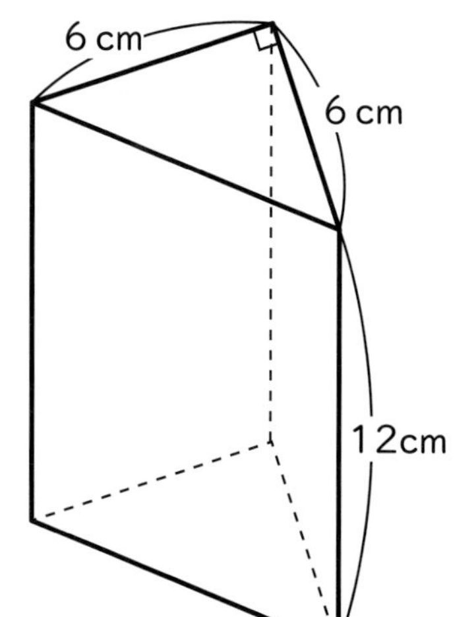

式

答え

68 角柱・円柱の体積（2）

＊ 次の角柱の体積を求めましょう。

①

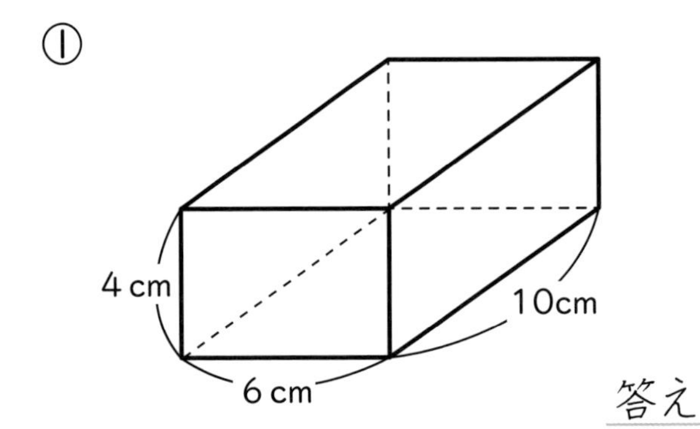

式

答え

②

4 cm

12cm

8 cm

式

答え

③

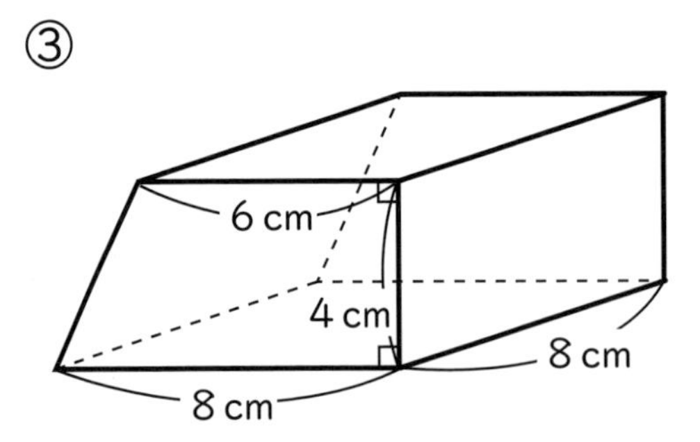

式

答え

69 角柱・円柱の体積（3）

＊ 次の円柱の体積を求めましょう。

①

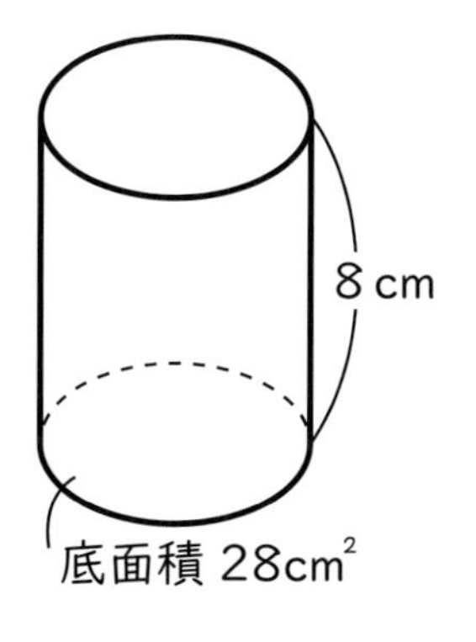

式

答え

②

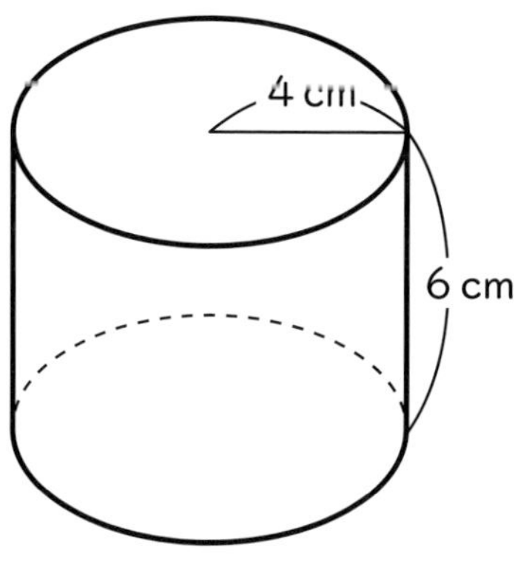

式

答え

③

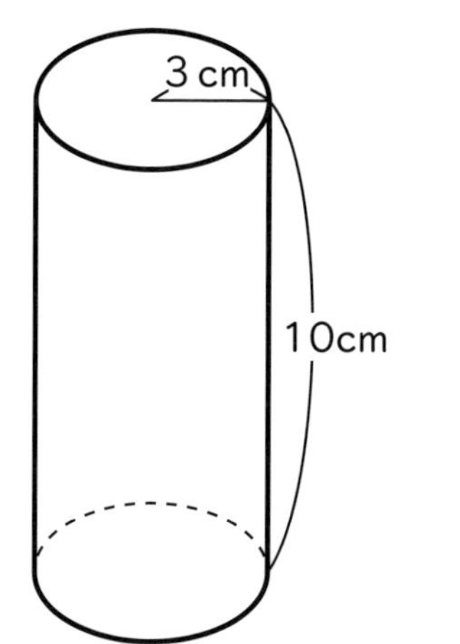

式

答え

70 角柱・円柱の体積（4）

＊ 次の円柱の体積を求めましょう。

①

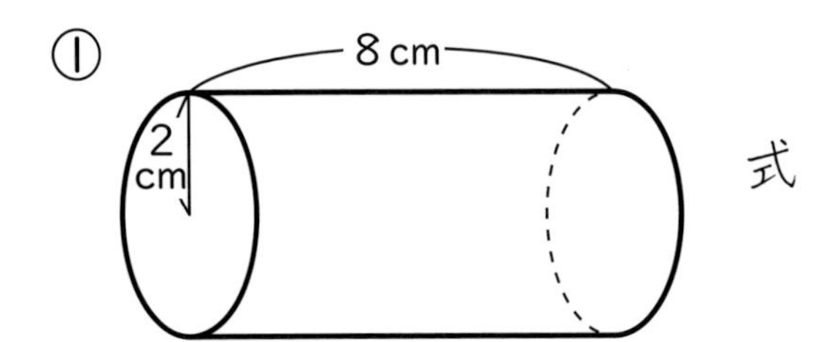

式

答え

②

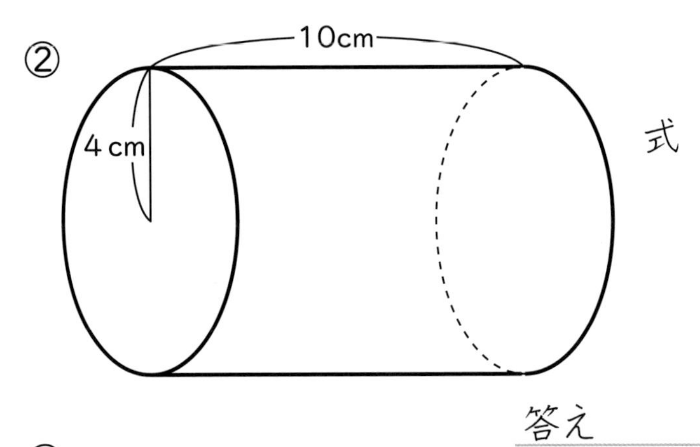

式

答え

③

式

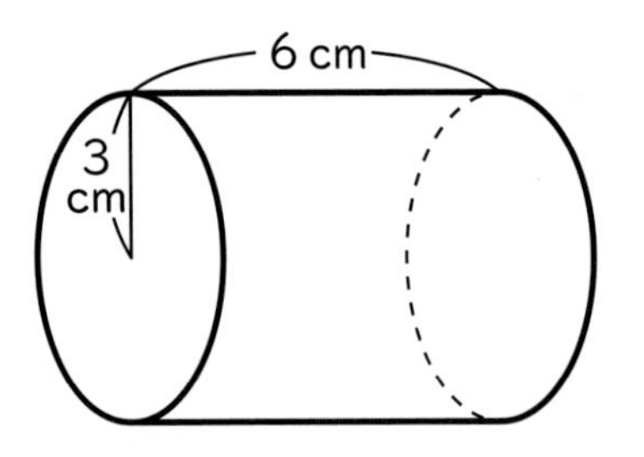

答え

71 角柱・円柱の体積（5）

＊ 次の立体の体積を求めましょう。

①

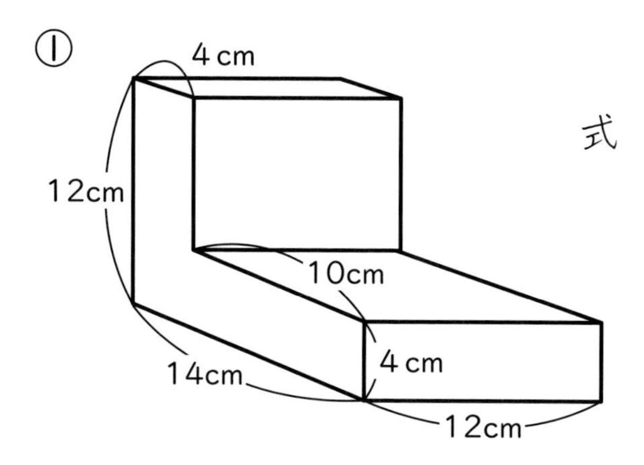

式

答え

②

式

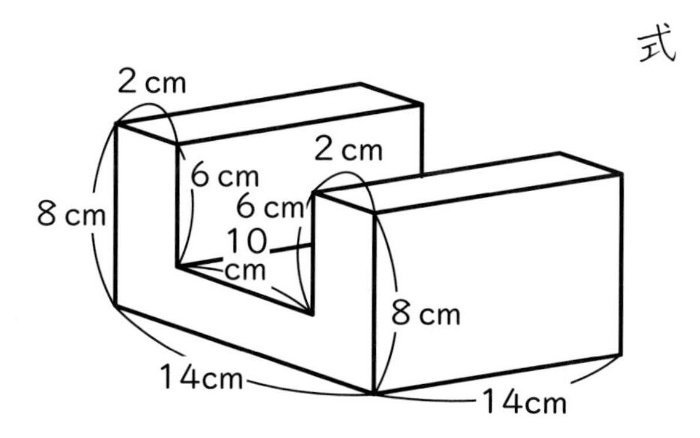

答え

72 角柱・円柱の体積（6）

＊ 次の立体の体積を求めましょう。

①

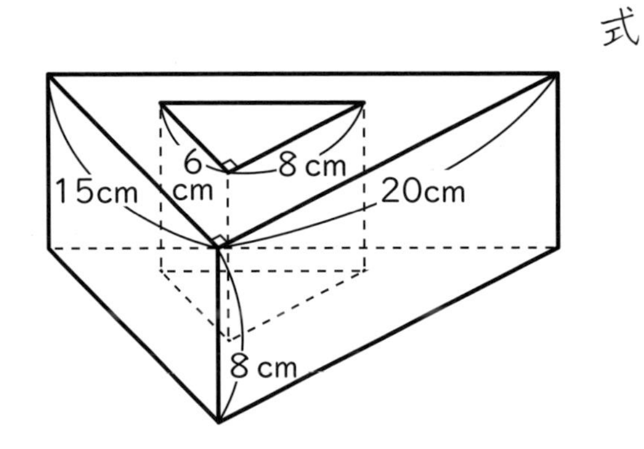

式

答え

②

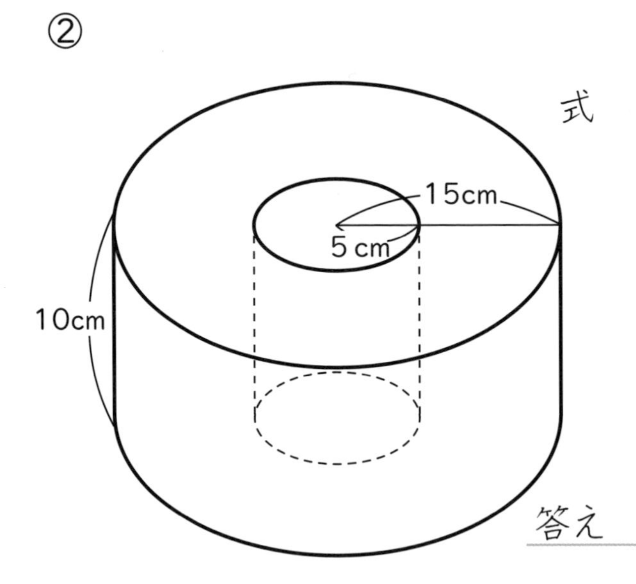

式

答え

73 およその面積・体積（1）

1　テニスコートは縦約11m、横約24mとしておよその面積を求めましょう。

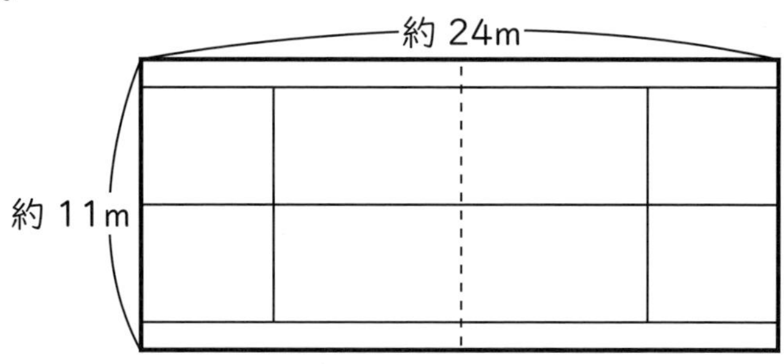

式

答え

2　野球場を1辺の長さが100mの正方形と考えておよその面積を求めましょう。

式

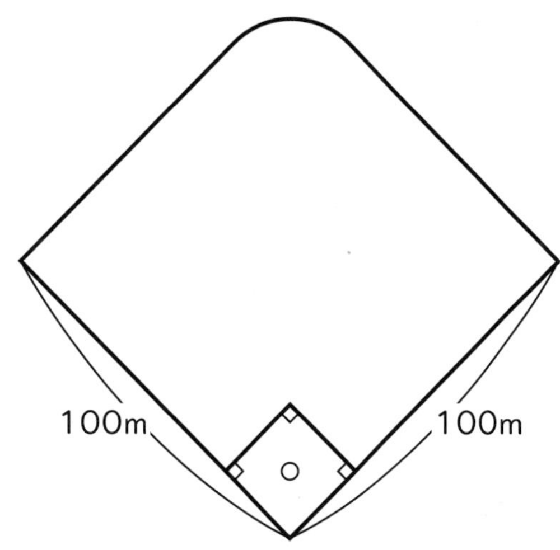

答え

74 およその面積・体積（2）

1 次の体積を求めましょう。
縦（たて） 7cm、横7cm、高さ 20cm

式

答え

2 ケーキの体積を求めましょう。
直径 12cm、高さ 8cm

式

答え

月　日

75 資料の調べ方（1）

＊　次の表は1組、2組の男子のソフトボール投げの記録です。

1組 15人	32	39	33	36	35	37	34	37
	40	38	29	34	30	34	31	—
2組 16人	27	37	37	29	37	38	32	40
	23	30	28	26	24	36	26	34

①　1組で一番遠くまで投げた人の記録は何mですか。

答え

②　1組の平均値（へいきんち）を求めましょう。

式

答え

③　2組で一番遠くまで投げた人の記録は何mですか。

答え

④　2組の平均値を求めましょう。

式

答え

76 資料の調べ方（2）

＊　ソフトボール投げの記録を見て答えましょう。

1組 15人	32	39	33	36	35	37	34	37
	40	38	29	34	30	34	31	—

①　1組の記録を数直線に○でかきましょう。

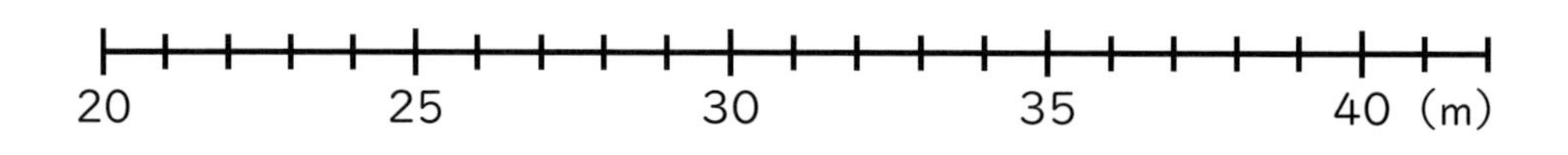

②　1組の最ひん値（さいひんち）を求めましょう。

答え

③　1組の中央値（ちゅうおうち）を求めましょう。

答え

月　日

資料の調べ方（3）

＊ ソフトボール投げの記録を見て答えましょう。

2組16人								
	27	37	37	29	37	38	32	40
	23	30	28	26	24	36	26	34

① 2組の記録を数直線に○でかきましょう。

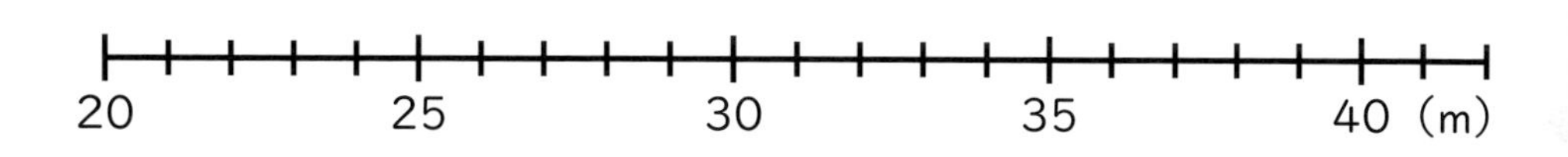

② 2組の最ひん値を求めましょう。

答え

③ 2組の中央値を求めましょう。

答え

※データを表す数値として、**平均値**、**最ひん値**、**中央値**を **代表値** といいます。

78 資料の調べ方（4）

＊ ソフトボール投げの記録を見て答えましょう。

1組 15人	32	39	33	36	35	37	34	37
	40	38	29	34	30	34	31	―

① 1組のデータを、下の表のように階級に分けて（度数分布表）かきましょう。

② 1組の柱状グラフをかきましょう。

階級	正の字	数
以上　未満 20m ～ 25m		
25 ～ 30		
30 ～ 35		
35 ～ 40		
40 ～ 45		

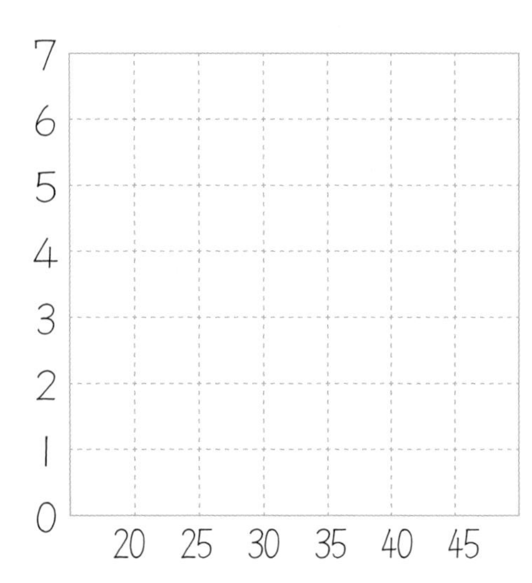

79 資料の調べ方（5）

＊　ソフトボール投げの記録を見て答えましょう。

2組 16人	27	37	37	29	37	38	32	40
	23	30	28	26	24	36	26	34

①　2組のデータを、下の表のように階級に分けて（度数分布表）かきましょう。

②　2組の柱状グラフをかきましょう。

階級	正の字	数
以上　未満 20m ～ 25m		
25 ～ 30		
30 ～ 35		
35 ～ 40		
40 ～ 45		

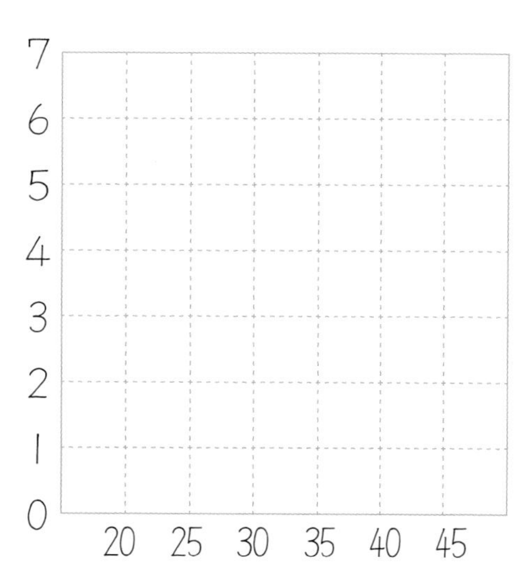

80 資料の調べ方（6）

＊ 次の数は、6年生15人の身長の数値（cm）です。

150、143、153、148、147、144、146、148
149、152、143、148、146、147、150

① 平均値を求めましょう。

式

答え

② 身長の記録を数直線に○でかきましょう。

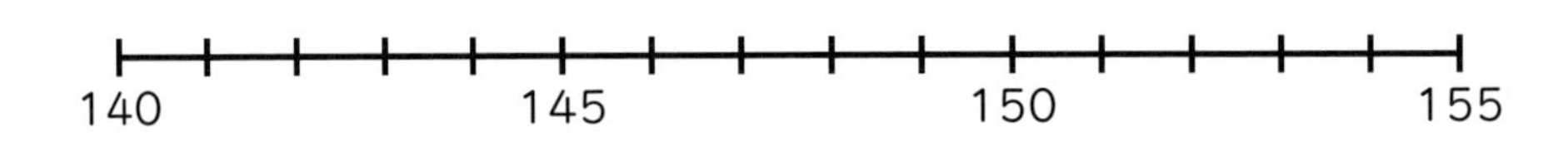

③ 最ひん値を求めましょう。

答え

④ 中央値を求めましょう。

答え

81 場合の数（1）

＊　あおきさん、かしうちさん、さいとうさんの３人でリレーの順番を決めます。３人の名前を**あ**、**か**、**さ**として走る順番の決め方をすべてかきましょう。また、それは何通りですか。

（第１走者）（第２走者）（第３走者）

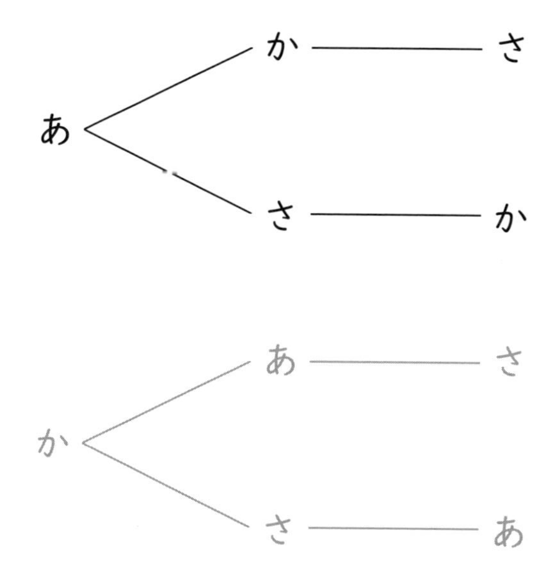

答え

82 場合の数（2）

＊ 1、2、3、4の4枚（まい）のカードを使って3けたの整数をつくります。3けたの整数をすべてかき出しましょう。また、それは何通りですか。

（百の位）　（十の位）　（一の位）

答え

このような図を **樹形図**（じゅけいず）といいます。

月　日

83 場合の数（3）

＊ A、B、C、Dの4チームで試合をします。どのチームも、ちがったチームと1回ずつ試合をします。全部で何試合になりますか。

	A	B	C	D
A		○		
B				
C				
D				

（A　と　B）（A　と　C）（A　と　　）
（B　と　　）（B　と　　）
（C　と　　）

答え

84 場合の数（4）

＊　いちご、ぶどう、もも、なしの４つの中から２種類を選び、箱づめします。どんな組み合わせができて、合計何通りになりますか。

いちご	ぶどう	もも	なし
○	○		
○		○	

（　　　、　　　）（　　　、　　　）
（　　　、　　　）（　　　、　　　）
（　　　、　　　）（　　　、　　　）

答え

85 場合の数（5）

＊ 5円、10円、50円、100円、500円の5種類のお金から2種類選んでできる金額をかきましょう。また、合計何通りになりますか。

5円	10円	50円	100円	500円	金額
○	○				15円

答え

86 場合の数（6）

＊ 赤、青、黄、緑、茶の５色があります。

① ５色から１色選ぶ選び方は、何通りありますか。

（赤）、（青）、（　）、（　）、（　）

答え

② ５色から２色選ぶ選び方は、何通りありますか。

（赤と青）（赤と黄）（赤と緑）（赤と茶）

（青と

答え

③ ５色から３色選ぶ選び方は、何通りありますか。

（赤と青と黄）（赤と青と緑）（赤と青と茶）

（赤と黄と緑）（赤と黄と茶）（赤と緑と茶）

（青と黄と緑）（青と黄と茶）（青と　　　）

（　　　　）

答え

答え

1

1 ① $50 \times 1 = 50$　50円

② $50 \times 2 = 100$　100円

③ $50 \times 3 = 150$　150円

④ $50 \times x$　$50 \times x$円

2 ① $120 \times x + 150$

② $120 \times 5 + 150 = 750$

750円

③ $120 \times 8 + 150 = 1110$

1110円

2

1 ① $6 \times x = y$

② $6 \times 5 = 30$　$30cm^2$

2 ① $1000 - x = y$

② $1000 - 800 = 200$　200円

3

1 ① $x \times 6 = y$

② $2 - x = y$

2 ① ㋒　② ㋓

③ ㋐　④ ㋑

4

1 ① $x \times 4 = 16$

② $16 \div 4 = 4$　4cm

2 時速 $x$km とすると

$x \times 2 = 80$

$80 \div 2 = 40$　時速 40km

5

① $\frac{1 \times 1}{2 \times 3} = \frac{1}{6}$　② $\frac{3 \times 1}{4 \times 4} = \frac{3}{16}$

6

① $\frac{3 \times 3}{4 \times 5} = \frac{9}{20}$　② $\frac{3 \times 3}{8 \times 5} = \frac{9}{40}$

③ $\frac{4 \times 7}{5 \times 9} = \frac{28}{45}$　④ $\frac{2 \times 1}{5 \times 3} = \frac{2}{15}$

⑤ $\frac{2 \times 2}{5 \times 5} = \frac{4}{25}$　⑥ $\frac{1 \times 5}{7 \times 6} = \frac{5}{42}$

⑦ $\frac{3 \times 5}{7 \times 4} = \frac{15}{28}$　⑧ $\frac{2 \times 4}{7 \times 5} = \frac{8}{35}$

7

① $\frac{{}^{1}\cancel{2} \times 1}{3 \times \cancel{6}_{3}} = \frac{1}{9}$　② $\frac{{}^{1}\cancel{2} \times 1}{5 \times \cancel{4}_{2}} = \frac{1}{10}$

③ $\frac{{}^{1}\cancel{3} \times 5}{7 \times \cancel{6}_{2}} = \frac{5}{14}$　④ $\frac{{}^{1}\cancel{3} \times 2}{5 \times \cancel{3}_{1}} = \frac{2}{5}$

⑤ $\frac{{}^{1}\cancel{2} \times 1}{5 \times \cancel{2}_{1}} = \frac{1}{5}$　⑥ $\frac{{}^{1}\cancel{5} \times 7}{6 \times \cancel{10}_{2}} = \frac{7}{12}$

⑦ $\frac{{}^{1}\cancel{3} \times 1}{4 \times \cancel{9}_{3}} = \frac{1}{12}$　⑧ $\frac{{}^{1}\cancel{5} \times 3}{8 \times \cancel{5}_{1}} = \frac{3}{8}$

8

① $\frac{5 \times \cancel{3}^{1}}{{}_{2}\cancel{6} \times 4} = \frac{5}{8}$　② $\frac{3 \times \cancel{6}^{3}}{{}_{2}\cancel{4} \times 7} = \frac{9}{14}$

③ $\frac{1 \times \cancel{2}^{1}}{{}_{1}\cancel{2} \times 9} = \frac{1}{9}$　④ $\frac{1 \times \cancel{3}^{1}}{{}_{2}\cancel{6} \times 4} = \frac{1}{8}$

⑤ $\frac{3 \times \cancel{2}^{1}}{{}_{2}\cancel{4} \times 7} = \frac{3}{14}$　⑥ $\frac{5 \times \cancel{3}^{1}}{{}_{2}\cancel{6} \times 7} = \frac{5}{14}$

⑦ $\frac{1 \times \cancel{5}^{1}}{{}_{1}\cancel{5} \times 6} = \frac{1}{6}$　⑧ $\frac{3 \times \cancel{5}^{1}}{{}_{2}\cancel{10} \times 7} = \frac{3}{14}$

9

① $\frac{{}^{1}\cancel{5} \times \cancel{7}^{1}}{{}_{1}\cancel{7} \times \cancel{10}_{2}} = \frac{1}{2}$　② $\frac{{}^{1}\cancel{5} \times \cancel{3}^{1}}{{}_{2}\cancel{6} \times \cancel{5}_{1}} = \frac{1}{2}$

③ $\frac{{}^{1}\cancel{4} \times \cancel{5}^{1}}{{}_{1}\cancel{5} \times \cancel{8}_{2}} = \frac{1}{2}$　④ $\frac{{}^{1}\cancel{7} \times \cancel{2}^{1}}{{}_{4}\cancel{8} \times \cancel{7}_{1}} = \frac{1}{4}$

⑤ $\frac{{}^{1}\cancel{2} \times \cancel{5}^{1}}{{}_{1}\cancel{5} \times \cancel{6}_{3}} = \frac{1}{3}$　⑥ $\frac{{}^{1}\cancel{2} \times \cancel{3}^{1}}{{}_{3}\cancel{9} \times \cancel{4}_{2}} = \frac{1}{6}$

⑦ $\frac{{}^{1}\cancel{3} \times \cancel{2}^{1}}{{}_{5}\cancel{10} \times \cancel{3}_{1}} = \frac{1}{5}$　⑧ $\frac{{}^{3}\cancel{9} \times \cancel{5}^{1}}{{}_{2}\cancel{10} \times \cancel{6}_{2}} = \frac{3}{4}$

10

① $\frac{\overset{1}{\cancel{7}} \times \overset{3}{\cancel{6}}}{\underset{4}{\cancel{8}} \times \underset{5}{\cancel{35}}} = \frac{3}{20}$　② $\frac{\overset{7}{\cancel{14}} \times \overset{1}{\cancel{5}}}{\underset{3}{\cancel{15}} \times \underset{4}{\cancel{8}}} = \frac{7}{12}$

③ $\frac{\overset{4}{\cancel{16}} \times \overset{1}{\cancel{9}}}{\underset{3}{\cancel{27}} \times \underset{5}{\cancel{20}}} = \frac{4}{15}$　④ $\frac{\overset{1}{\cancel{4}} \times \overset{1}{\cancel{15}}}{\underset{1}{\cancel{15}} \times \underset{4}{\cancel{16}}} = \frac{1}{4}$

⑤ $\frac{\overset{3}{\cancel{9}} \times \overset{1}{\cancel{7}}}{\underset{2}{\cancel{14}} \times \underset{4}{\cancel{12}}} = \frac{3}{8}$　⑥ $\frac{\overset{1}{\cancel{4}} \times \overset{1}{\cancel{3}}}{\underset{3}{\cancel{9}} \times \underset{4}{\cancel{16}}} = \frac{1}{12}$

⑦ $\frac{\overset{1}{\cancel{4}} \times \overset{1}{\cancel{5}}}{\underset{1}{\cancel{5}} \times \underset{3}{\cancel{12}}} = \frac{1}{3}$　⑧ $\frac{\overset{1}{\cancel{5}} \times \overset{1}{\cancel{3}}}{\underset{3}{\cancel{9}} \times \underset{2}{\cancel{10}}} = \frac{1}{6}$

11

① $\frac{2 \times 2}{3 \times 1} = \frac{4}{3}$　② $\frac{3 \times 4}{5 \times 1} = \frac{12}{5}$

③ $\frac{3 \times 2}{7 \times 1} = \frac{6}{7}$　④ $\frac{2 \times \overset{2}{\cancel{6}}}{\underset{3}{\cancel{9}} \times 1} = \frac{4}{3}$

⑤ $\frac{5 \times \overset{3}{\cancel{6}}}{\underset{8}{\cancel{16}} \times 1} = \frac{15}{8}$　⑥ $\frac{3 \times \overset{1}{\cancel{2}}}{\underset{5}{\cancel{10}} \times 1} = \frac{3}{5}$

12

① $\frac{5 \times 3}{1 \times 16} = \frac{15}{16}$　② $\frac{2 \times 1}{1 \times 5} = \frac{2}{5}$

③ $\frac{2 \times 2}{1 \times 9} = \frac{4}{9}$　④ $\frac{\overset{2}{\cancel{10}} \times 1}{1 \times \underset{3}{\cancel{15}}} = \frac{2}{3}$

⑤ $\frac{\overset{2}{\cancel{8}} \times 1}{1 \times \underset{3}{\cancel{12}}} = \frac{2}{3}$　⑥ $\frac{\overset{1}{\cancel{7}} \times 1}{1 \times \underset{2}{\cancel{14}}} = \frac{1}{2}$

13

① $\frac{\overset{3}{\cancel{9}} \times \overset{5}{\cancel{10}}}{\underset{2}{\cancel{4}} \times \underset{7}{\cancel{21}}} = \frac{15}{14} = 1\frac{1}{14}$

② $\frac{\overset{2}{\cancel{10}} \times \overset{2}{\cancel{18}}}{\underset{3}{\cancel{27}} \times \underset{1}{\cancel{5}}} = \frac{4}{3} = 1\frac{1}{3}$

③ $\frac{\overset{5}{\cancel{25}} \times \overset{8}{\cancel{16}}}{\underset{3}{\cancel{6}} \times \underset{3}{\cancel{15}}} = \frac{40}{9} = 4\frac{4}{9}$

14

1　①、⑤

2　$\frac{5}{4} \times \frac{8}{5} = \frac{\overset{1}{\cancel{5}} \times \overset{2}{\cancel{8}}}{\underset{1}{\cancel{4}} \times \underset{1}{\cancel{5}}} = 2$　　$2m^2$

3　$\frac{3}{7} \times \frac{14}{9} = \frac{\overset{1}{\cancel{3}} \times \overset{2}{\cancel{14}}}{\underset{1}{\cancel{7}} \times \underset{3}{\cancel{9}}} = \frac{2}{3}$　　$\frac{2}{3}$ L

15

① $\frac{3}{2}$　② $\frac{5}{4}$

③ $\frac{7}{8}$　④ $\frac{9}{10}$

⑤ $\frac{5}{7}$　⑥ $\frac{3}{7}$

⑦ $\frac{10}{3}$　⑧ $\frac{10}{19}$

⑨ $\frac{1}{2}$　⑩ $\frac{1}{5}$

16

① $\frac{3 \times 3}{5 \times 2} = \frac{9}{10}$　② $\frac{2 \times 8}{7 \times 3} = \frac{16}{21}$

17

① $\frac{2 \times 4}{3 \times 3} = \frac{8}{9}$　② $\frac{1 \times 8}{5 \times 5} = \frac{8}{25}$

③ $\frac{1 \times 7}{6 \times 2} = \frac{7}{12}$　④ $\frac{1 \times 5}{4 \times 3} = \frac{5}{12}$

⑤ $\frac{5 \times 5}{9 \times 3} = \frac{25}{27}$　⑥ $\frac{1 \times 7}{4 \times 4} = \frac{7}{16}$

⑦ $\frac{5 \times 8}{7 \times 3} = \frac{40}{21}$　⑧ $\frac{4 \times 8}{5 \times 5} = \frac{32}{25}$

18

① $\frac{\overset{1}{\cancel{2}} \times 5}{3 \times \underset{2}{\cancel{4}}} = \frac{5}{6}$　② $\frac{\overset{1}{\cancel{5}} \times 11}{6 \times \underset{2}{\cancel{10}}} = \frac{11}{12}$

③ $\frac{\overset{1}{\cancel{5}} \times 7}{12 \times \underset{1}{\cancel{5}}} = \frac{7}{12}$　④ $\frac{\overset{1}{\cancel{2}} \times 7}{5 \times \underset{2}{\cancel{4}}} = \frac{7}{10}$

⑤ $\frac{\overset{1}{\cancel{2}} \times 5}{7 \times \underset{1}{\cancel{2}}} = \frac{5}{7}$　⑥ $\frac{\overset{2}{\cancel{4}} \times 7}{5 \times \underset{3}{\cancel{6}}} = \frac{14}{15}$

⑦ $\frac{\overset{1}{\cancel{4}} \times 5}{7 \times \underset{1}{\cancel{4}}} = \frac{5}{7}$　⑧ $\frac{\overset{1}{\cancel{3}} \times 7}{5 \times \underset{3}{\cancel{9}}} = \frac{7}{15}$

19

① $\frac{1 \times \overset{3}{\cancel{6}}}{\underset{1}{\cancel{2}} \times 5} = \frac{3}{5}$　② $\frac{2 \times \overset{3}{\cancel{9}}}{\underset{1}{\cancel{3}} \times 7} = \frac{6}{7}$

③ $\frac{3 \times \overset{3}{\cancel{6}}}{\underset{2}{\cancel{4}} \times 5} = \frac{9}{10}$　④ $\frac{3 \times \overset{2}{\cancel{10}}}{\underset{1}{\cancel{5}} \times 7} = \frac{6}{7}$

⑤ $\frac{5 \times \overset{3}{\cancel{9}}}{\underset{2}{\cancel{6}} \times 8} = \frac{15}{16}$　⑥ $\frac{5 \times \overset{1}{\cancel{4}}}{\underset{2}{\cancel{8}} \times 3} = \frac{5}{6}$

⑦ $\frac{1 \times \overset{4}{\cancel{8}}}{\underset{3}{\cancel{6}} \times 3} = \frac{4}{9}$　⑧ $\frac{2 \times \overset{1}{\cancel{7}}}{\underset{1}{\cancel{7}} \times 5} = \frac{2}{5}$

20

① $\frac{\overset{1}{\cancel{2}} \times \overset{3}{\cancel{9}}}{\underset{1}{\cancel{3}} \times \underset{4}{\cancel{8}}} = \frac{3}{4}$　② $\frac{\overset{1}{\cancel{5}} \times \overset{3}{\cancel{9}}}{\underset{2}{\cancel{6}} \times \underset{2}{\cancel{10}}} = \frac{3}{4}$

③ $\frac{\overset{1}{\cancel{2}} \times \overset{1}{\cancel{5}}}{\underset{1}{\cancel{5}} \times \underset{2}{\cancel{4}}} = \frac{1}{2}$　④ $\frac{\overset{1}{\cancel{2}} \times \overset{1}{\cancel{7}}}{\underset{1}{\cancel{7}} \times \underset{3}{\cancel{6}}} = \frac{1}{3}$

⑤ $\frac{\overset{1}{\cancel{3}} \times \overset{5}{\cancel{10}}}{\underset{4}{\cancel{8}} \times \underset{3}{\cancel{9}}} = \frac{5}{12}$　⑥ $\frac{\overset{1}{\cancel{3}} \times \overset{2}{\cancel{10}}}{\underset{1}{\cancel{5}} \times \underset{3}{\cancel{9}}} = \frac{2}{3}$

⑦ $\frac{\overset{1}{\cancel{2}} \times \overset{1}{\cancel{9}}}{\underset{1}{\cancel{9}} \times \underset{2}{\cancel{4}}} = \frac{1}{2}$　⑧ $\frac{\overset{1}{\cancel{7}} \times \overset{4}{\cancel{8}}}{\underset{5}{\cancel{10}} \times \underset{1}{\cancel{7}}} = \frac{4}{5}$

21

① $\frac{\overset{1}{\cancel{3}} \times \overset{2}{\cancel{8}}}{\underset{1}{\cancel{4}} \times \underset{3}{\cancel{9}}} = \frac{2}{3}$　② $\frac{\overset{1}{\cancel{2}} \times \overset{3}{\cancel{15}}}{\underset{1}{\cancel{5}} \times \underset{4}{\cancel{8}}} = \frac{3}{4}$

③ $\frac{\overset{1}{\cancel{3}} \times \overset{2}{\cancel{14}}}{\underset{1}{\cancel{7}} \times \underset{3}{\cancel{9}}} = \frac{2}{3}$　④ $\frac{\overset{1}{\cancel{3}} \times \overset{5}{\cancel{25}}}{\underset{1}{\cancel{5}} \times \underset{3}{\cancel{9}}} = \frac{5}{3}$

⑤ $\frac{\overset{1}{\cancel{7}} \times \overset{1}{\cancel{4}}}{\underset{2}{\cancel{8}} \times \underset{1}{\cancel{7}}} = \frac{1}{2}$　⑥ $\frac{\overset{1}{\cancel{4}} \times \overset{1}{\cancel{9}}}{\underset{1}{\cancel{9}} \times \underset{2}{\cancel{8}}} = \frac{1}{2}$

⑦ $\frac{\overset{1}{\cancel{2}} \times \overset{5}{\cancel{15}}}{\underset{1}{\cancel{3}} \times \underset{4}{\cancel{8}}} = \frac{5}{4}$　⑧ $\frac{\overset{2}{\cancel{8}} \times \overset{7}{\cancel{21}}}{\underset{3}{\cancel{9}} \times \underset{5}{\cancel{20}}} = \frac{14}{15}$

22

① $\frac{5 \times 1}{9 \times 4} = \frac{5}{36}$　② $\frac{1 \times 1}{7 \times 2} = \frac{1}{14}$

③ $\frac{1 \times 1}{5 \times 2} = \frac{1}{10}$　④ $\frac{\overset{1}{\cancel{3}} \times 1}{4 \times \underset{2}{\cancel{6}}} = \frac{1}{8}$

⑤ $\frac{\overset{4}{\cancel{8}} \times 1}{5 \times \underset{3}{\cancel{6}}} = \frac{4}{15}$　⑥ $\frac{\overset{3}{\cancel{6}} \times 1}{7 \times \underset{2}{\cancel{4}}} = \frac{3}{14}$

23

① $\frac{\overset{3}{\cancel{9}} \times \overset{7}{\cancel{14}}}{\underset{4}{\cancel{8}} \times \underset{5}{\cancel{15}}} = \frac{21}{20} = 1\frac{1}{20}$

② $\frac{\overset{5}{\cancel{35}} \times \overset{3}{\cancel{9}}}{\underset{2}{\cancel{6}} \times \underset{2}{\cancel{14}}} = \frac{15}{4} = 3\frac{3}{4}$

③ $\frac{\overset{5}{\cancel{15}} \times \overset{5}{\cancel{20}}}{\underset{2}{\cancel{8}} \times \underset{7}{\cancel{21}}} = \frac{25}{14} = 1\frac{11}{14}$

24

1　①、⑤

2　$\frac{3}{7} \div \frac{4}{3} = \frac{3 \times 3}{7 \times 4} = \frac{9}{28}$

$\frac{9}{28}$ m^2

3　$\frac{6}{7} \div \frac{3}{5} = \frac{\overset{2}{\cancel{6}} \times 5}{7 \times \underset{1}{\cancel{3}}} = \frac{10}{7}$

$\frac{10}{7}$ L $\left(1\frac{3}{7}\text{ L}\right)$

25

① $\frac{2}{3}$時間　② $\frac{1}{2}$時間

③ $\frac{1}{12}$時間　④ $\frac{1}{4}$時間

⑤ $\frac{1}{6}$時間　⑥ $\frac{3}{4}$時間

⑦ $\frac{5}{12}$時間

26

① 45分　② 30分

③ 40分　④ 24分

⑤ 5分　⑥ 10分

⑦ 15分

27

1　① $\frac{4}{9} \div \frac{2}{3} = \frac{\overset{2}{\cancel{4}} \times \overset{1}{\cancel{3}}}{\underset{3}{\cancel{9}} \times \underset{1}{\cancel{2}}} = \frac{2}{3}$

$\frac{2}{3}$倍

② $\frac{5}{6} \div \frac{4}{9} = \frac{5 \times \overset{3}{\cancel{9}}}{\underset{2}{\cancel{6}} \times 4} = \frac{15}{8}$

$\frac{15}{8}$

2　$\frac{6}{5} \div \frac{4}{3} = \frac{\overset{3}{\cancel{6}} \times 3}{5 \times \underset{2}{\cancel{4}}} = \frac{9}{10}$　$\frac{9}{10}$ L

28

$20 \times 3.14 = 62.8$

$62.8 \times 10 \div 2 = 314$　　$314cm^2$

29

① $1 \times 1 \times 3.14 = 3.14$　　$3.14cm^2$

② $2 \times 2 \times 3.14 = 12.56$

$12.56cm^2$

③ $5 \times 5 \times 3.14 = 78.5$

$78.5cm^2$

30 ① $2 \div 2 = 1$

$1 \times 1 \times 3.14 = 3.14$ 　 3.14cm²

② $3 \div 2 = 1.5$

$1.5 \times 1.5 \times 3.14 = 7.065$

7.065cm²

③ $8 \div 2 = 4$

$4 \times 4 \times 3.14 = 50.24$

50.24cm²

31 ① $4 \times 4 \times 3.14 \div 2 = 25.12$

25.12cm²

② $6 \times 6 \times 3.14 \div 4 = 28.26$

28.26cm²

③ $3 \times 3 \times 3.14 \div 3 = 9.42$

9.42cm²

32 ① $8 \times 8 = 64$

$4 \times 4 \times 3.14 = 50.24$

$64 - 50.24 = 13.76$

13.76cm²

② $10 \times 10 = 100$

$10 \times 10 \times 3.14 \div 4 = 78.5$

$100 - 78.5 = 21.5$

$21.5 \times 2 = 43$

$100 - 43 = 57$ 　 57cm²

③ $8 \times 8 = 64$

$8 \times 8 \times 3.14 \div 4 = 50.24$

$64 - 50.24 = 13.76$

$13.76 \times 2 = 27.52$

$64 - 27.52 = 36.48$

$36.48 \times 4 = 145.92$ 　 145.92cm²

33 ①、③、④

34 ① 点Aと点G　点Bと点F

点Cと点E

② 角Aと角G　角Bと角F

角Cと角E

③ 辺ABと辺GF　辺BCと辺FE

辺CDと辺ED

35 1 ① 垂直に交わる

② 長さが等しい

2 ① 4cm

② 2cm

③ 180°

36 ①

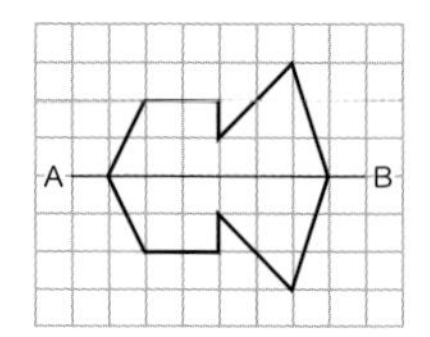

②

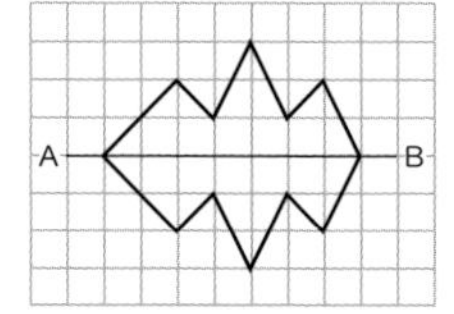

③

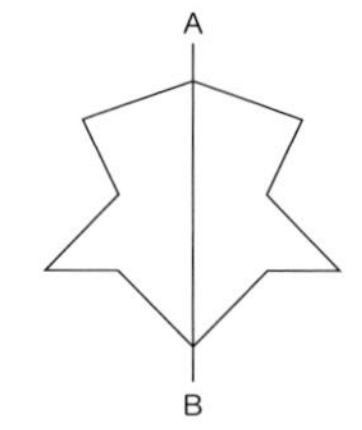

④

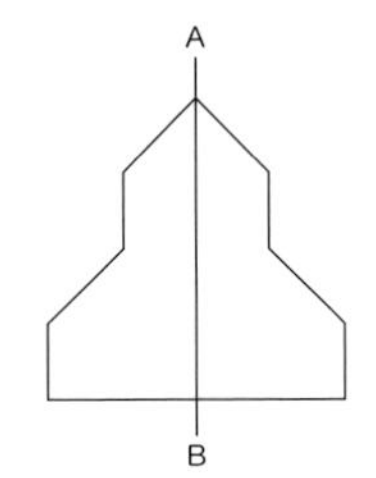

37 ①、②、④

38 ① 点Aと点D　点Bと点E
点Cと点F
② 角Aと角D　角Bと角E
角Cと角F
③ 辺ABと辺DE　辺BCと辺EF
辺CDと辺FA

39 1 ① 対称の中心
② 長さは等しい
③ 長さは等しい
2 ① 3.6cm　② 4.2cm
③ 30°　④ 90°

40 ①

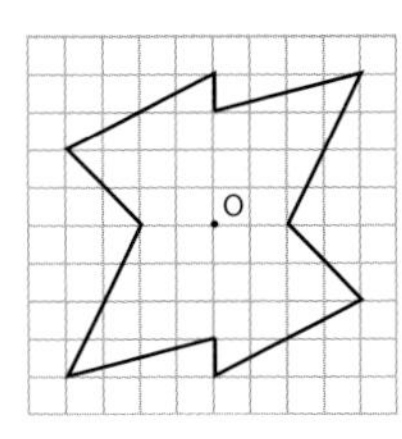

②

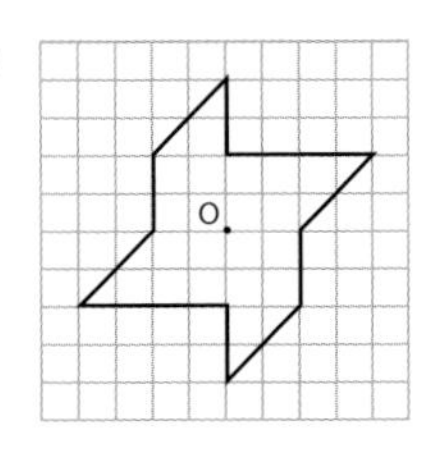

③

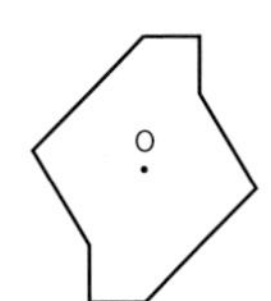

④

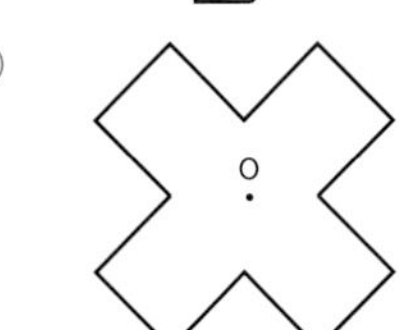

41 1 150：80
2 80：120

42 1 ① $\frac{1}{2}$　② $\frac{4}{5}$

2 ②、③

43 1 ① 6　② 10
③ 63　④ 45
⑤ 20　⑥ 42
⑦ 99　⑧ 9
2 ① 4：3　② 1：3
③ 2：3　④ 6：5
⑤ 3：2　⑥ 3：2
⑦ 3：8　⑧ 7：8

44 ① 3：7　② 2：3
③ 1：3　④ 1：8
⑤ 3：7　⑥ 1：5
⑦ 4：3　⑧ 6：5
⑨ 4：5　⑩ 10：9
⑪ 8：3　⑫ 35：9

45 1　8：5 ＝ 24：□

□＝ 15　　　15m²

2　6：7 ＝□：35

□＝ 30　　　30 枚

3　3：4 ＝ 90：□

□＝ 120　　　120mL

46 1　$189 \times \frac{3}{7} = 81$　$189 - 81 = 108$

5 年生 81 人、6 年生 108 人

2　4m ＝ 400cm　　$400 \times \frac{3}{8} = 150$

$400 - 150 = 250$

150cm と 250cm

3　$90 \div 2 = 45$　　$45 \times \frac{2}{5} = 18$

$45 - 18 = 27$　縦 18 m、横 27 m

47

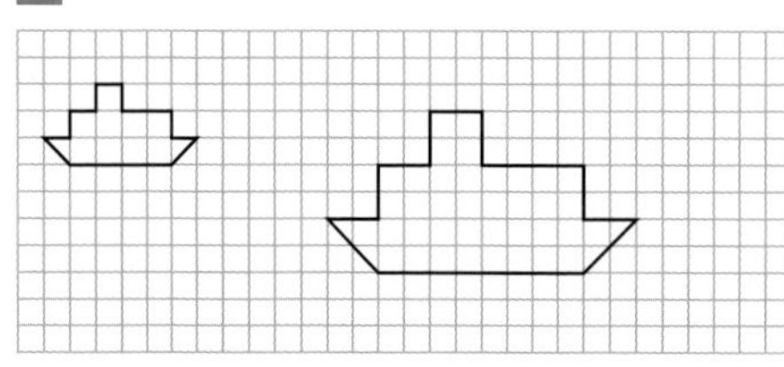

48 1　拡大図　㋓ 2 倍、　縮図　㋕ $\frac{1}{2}$

2　いえない

49 ①　辺オカ、4cm

②　辺エカ、4cm

③　角オ、45°

50 ①　辺オカ、2cm

②　辺カキ、2.5cm

③　角カ、70°

51

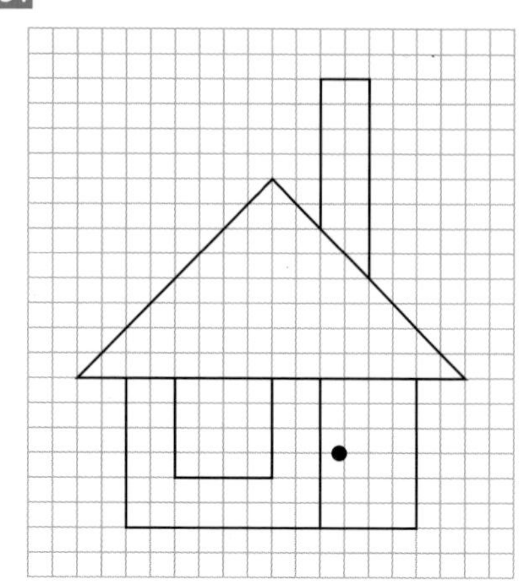

52

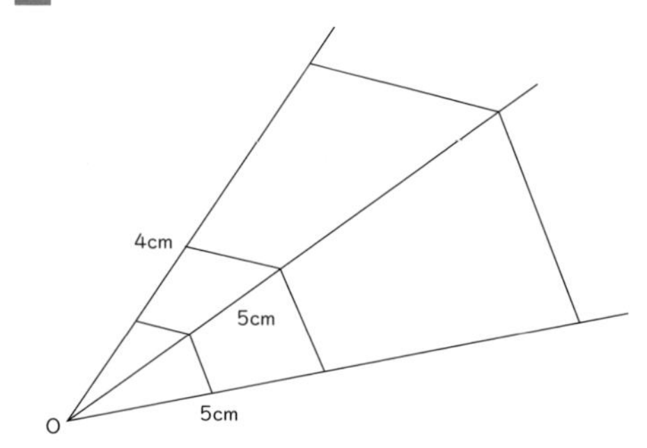

53 ①　3：1500 ＝ 1：500　　$\frac{1}{500}$

②　5.1cm

③　$5.1 \times 500 = 2550$

2550cm ＝ 25.5 m　　25.5 m

54 ①

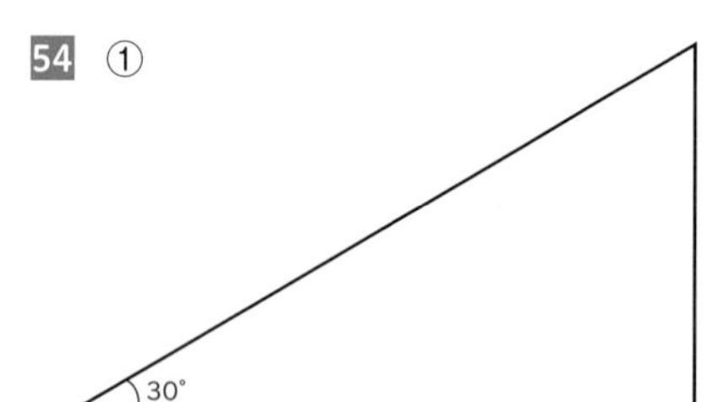

② $10 : 2500 = 1 : 250$
$5.7 \times 250 = 1425$
$1425\text{cm} = 14.25\text{ m}$　　14.25 m

55

本数 x（本）	1	2	3	4	5
代金 y（円）	50	100	150	200	250

56 ① いえる　② 300 増える
③ 300 増える　④ 1800

57 ① いえる　② 4

58 ① いえる　② 60
③ $y = 60 \times x$
④ $60 \times 12 = 720$　　720 m

59 ① 20　② 6
③ $y = 4 \times x$
④ $4 \times 10 = 40$　　40cm^2

60 ①

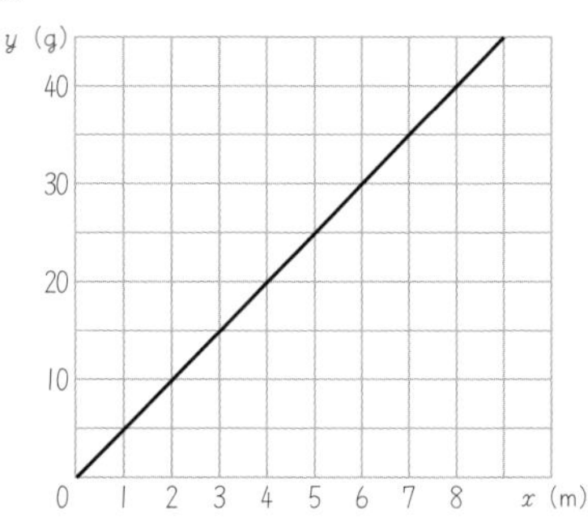

② $y = 5 \times x$

61 1 $32 \div 4 = 8$
1 時間に 8m²のかべにペンキをぬる
$48 \div 8 = 6$　　6 時間
2 $180 \div 15 = 12$
1L で 12km
$12 \times 60 = 720$　　720km
3 $100 \div 25 = 4$
$67.5 \times 4 = 270$　　270g

62

縦 x（cm）	1	2	3	4	6	12
横 y（cm）	12	6	4	3	2	1

63 ① $\frac{1}{2}$　② $\frac{1}{3}$
③ いえる　④ ㋐ 1.5、㋑ 1.2

64 ① いえる　② 12
③ $y = 12 \div x$

65

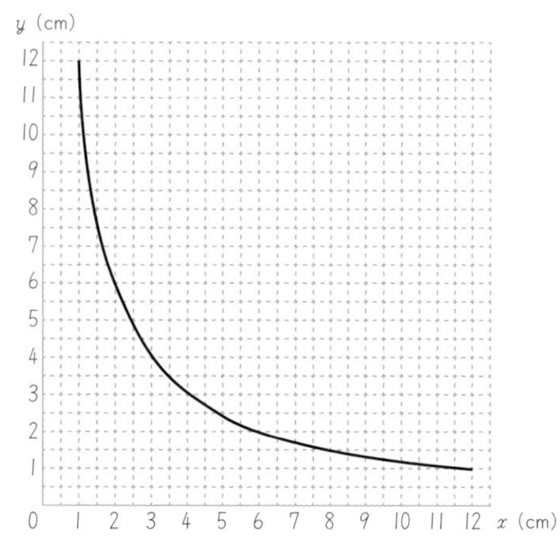

66 1 $5 \times 6 = 30$
$30 \div 10 = 3$ 3時間
2 $8 \times 6 = 48$
$48 \div 12 = 4$ 4分間
3 $30 \times 2 = 60$
$60 \div 6 = 10$ 10分間

67 ① $42 \times 10 = 420$ $420cm^3$
② $4 \times 6 = 24$
$24 \times 8 = 192$ $192cm^3$
③ $6 \times 6 \div 2 = 18$
$18 \times 12 = 216$ $216cm^3$

68 ① $4 \times 6 = 24$
$24 \times 10 = 240$ $240cm^3$
② $8 \times 4 = 32$
$32 \times 12 = 384$ $384cm^3$
③ $(6 + 8) \times 4 \div 2 = 28$
$28 \times 8 = 224$ $224cm^3$

69 ① $28 \times 8 = 224$ $224cm^3$
② $4 \times 4 \times 3.14 = 50.24$
$50.24 \times 6 = 301.44$ $301.44cm^3$
③ $3 \times 3 \times 3.14 = 28.26$
$28.26 \times 10 = 282.6$ $282.6cm^3$

70 ① $2 \times 2 \times 3.14 = 12.56$
$12.56 \times 8 = 100.48$ $100.48cm^3$
② $4 \times 4 \times 3.14 = 50.24$
$50.24 \times 10 = 502.4$ $502.4cm^3$
③ $3 \times 3 \times 3.14 = 28.26$
$28.26 \times 6 = 169.56$ $169.56cm^3$

71 ① $12 \times 4 = 48$
$4 \times 10 = 40$
$48 + 40 = 88$
$88 \times 12 = 1056$ $1056cm^3$
② $8 \times 14 = 112$
$6 \times 10 = 60$
$112 - 60 = 52$
$52 \times 14 = 728$ $728cm^3$

72 ① $15 \times 20 \div 2 = 150$
$6 \times 8 \div 2 = 24$
$150 - 24 = 126$
$126 \times 8 = 1008$ $1008cm^3$
② $15 \times 15 \times 3.14 - 5 \times 5 \times 3.14$
$= 706.5 - 78.5 = 628$
$628 \times 10 = 6280$ $6280cm^3$

73 1 $11 \times 24 = 264$ 約 $264m^2$
2 $100 \times 100 = 10000$ 約 $10000m^2$

74 1 $7 \times 7 \times 20 = 980$ 約 $980cm^3$
2 $6 \times 6 \times 3.14 = 113.04$
$113.04 \times 8 = 904.32$
およそ $904cm^3$

75 ① 40 m
② 1 組の記録の合計は 519
$519 \div 15 = 34.6$ 34.6 m
③ 40 m
④ 2 組の記録の合計は 504
$504 \div 16 = 31.5$ 31.5 m

76 ①

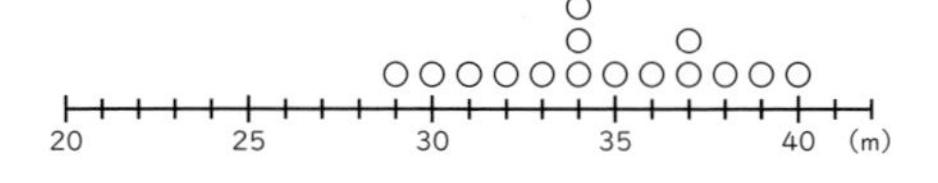

② 34 m　　③ 34 m

77 ①

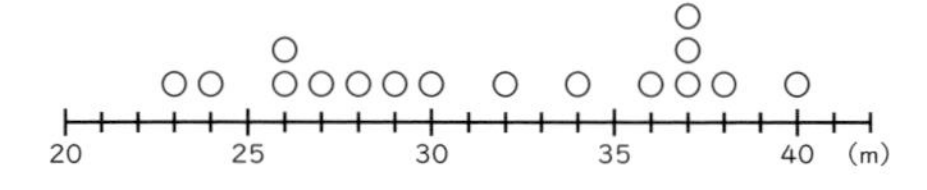

② 37 m

③ $(30 + 32) \div 2 = 31$　　31 m

78 ①

階級	正の字	数
以上　未満 20m ～ 25m		0
25 ～ 30	一	1
30 ～ 35	正丅	7
35 ～ 40	正一	6
40 ～ 45	一	1

②

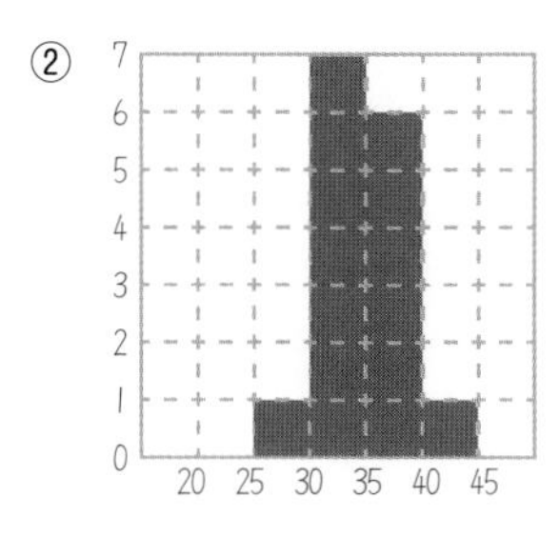

79 ①

階級	正の字	数
以上　未満 20m ～ 25m	丅	2
25 ～ 30	正	5
30 ～ 35	下	3
35 ～ 40	正	5
40 ～ 45	一	1

②

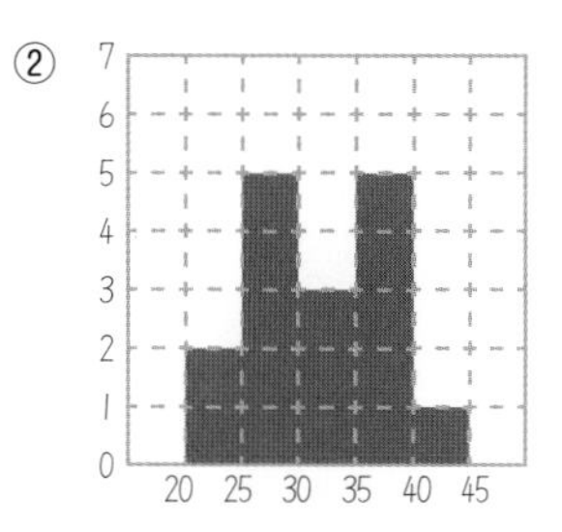

80 ① 身長の合計は 2214

$2214 \div 15 = 147.6$　　147.6cm

②

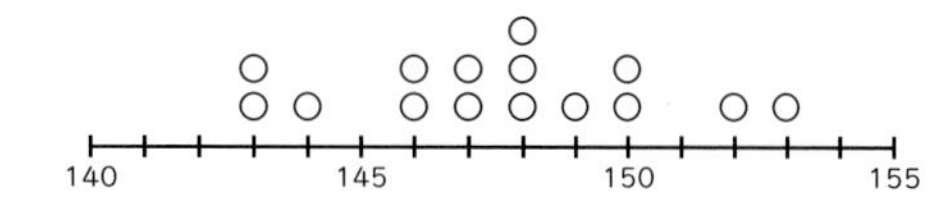

③ 148cm　　④ 148cm

81

あ ＜ か ― さ / さ ― か

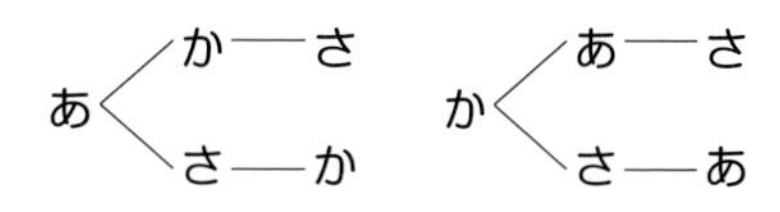

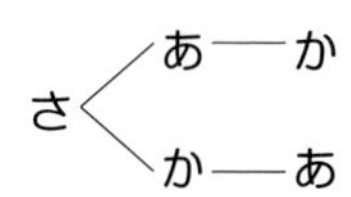

6通り

82

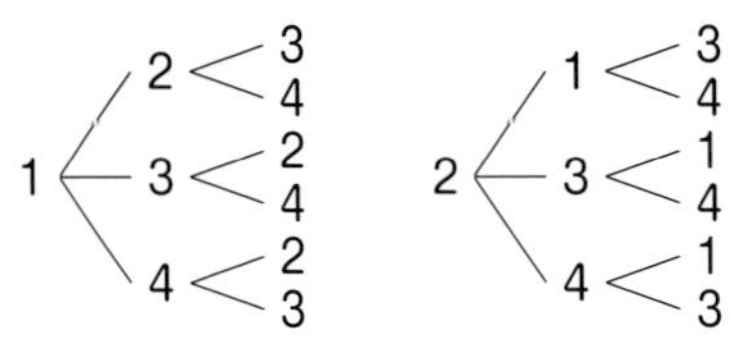

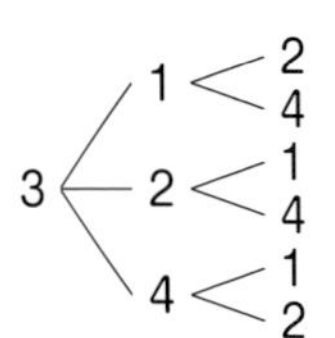

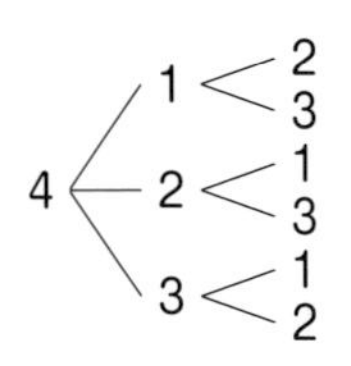

24 通り

83

	A	B	C	D
A		○	○	○
B			○	○
C				○
D				

(AとB) (AとC) (AとD)
(BとC) (BとD)
(CとD)

6 試合

84

いちご	ぶどう	もも	なし
○	○		
○		○	
○			○
	○	○	
	○		○
		○	○

(いちご、ぶどう) (いちご、もも)
(いちご、なし) (ぶどう、もも)
(ぶどう、なし) (もも、なし)

6 通り

85

5円	10円	50円	100円	500円	金額
○	○				15円
○		○			55円
○			○		105円
○				○	505円
	○	○			60円
	○		○		110円
	○			○	510円
		○	○		150円
		○		○	550円
			○	○	600円

10 通り

86 ① (赤)、(青)、(黄)、
(緑)、(茶)

5 通り

② (赤と青)、(赤と黄)、
(赤と緑)、(赤と茶)、
(青と黄)、(青と緑)、
(青と茶)、(黄と緑)、
(黄と茶)、(緑と茶)

10 通り

③ (赤と青と黄)、(赤と青と緑)、
(赤と青と茶)、(赤と黄と緑)、
(赤と黄と茶)、(赤と緑と茶)、
(青と黄と緑)、(青と黄と茶)、
(青と緑と茶)、(黄と緑と茶)

10 通り

注意 5色から3色選ぶ選び方は、5色から使用しない2色を選ぶ場合と同じで10通り。